火薬工学

佐々宏一 著

森北出版株式会社

●本書のサポート情報を当社Webサイトに掲載する場合があります．下記のURLにアクセスし，サポートの案内をご覧ください．

https://www.morikita.co.jp/support/

●本書の内容に関するご質問は，森北出版 出版部「(書名を明記)」係宛に書面にて，もしくは下記のe-mailアドレスまでお願いします．なお，電話でのご質問には応じかねますので，あらかじめご了承ください．

editor@morikita.co.jp

●本書により得られた情報の使用から生じるいかなる損害についても，当社および本書の著者は責任を負わないものとします．

■本書に記載している製品名，商標および登録商標は，各権利者に帰属します．

■本書を無断で複写複製（電子化を含む）することは，著作権法上での例外を除き，禁じられています．複写される場合は，そのつど事前に（一社）出版者著作権管理機構（電話03-5244-5088, FAX03-5244-5089, e-mail:info@jcopy.or.jp）の許諾を得てください．また本書を代行業者等の第三者に依頼してスキャンやデジタル化することは，たとえ個人や家庭内での利用であっても一切認められておりません．

はじめに

　火薬類は，少量でも瞬時にして強大なエネルギーを放出し得る爆発性危険物であるが，そのエネルギーを有効に利用して，物を壊したり飛ばしたりするだけでなく，材料を加工したり製造したりすることもできるという特性を有している．最近は「空気中で火を付けても爆発せず，燃焼もしない」という安全な爆薬が開発され，発破などの工業用に利用されている．しかし，爆発性危険物であることに変わりはなく，その製造，貯蔵，消費には細心の注意が必要である．

　この著書は，大学等の建設系学科で開講されている「火薬学」の教科書，火薬類取扱保安責任者試験を受験しようとする方，発破に関係したり，火薬や発破に興味をもっておられる方々の手軽な参考書を意図して執筆したものである．この著書を通じて火薬類に関する理解が深まるとともに，安全な貯蔵と安全かつ効果的な発破計画の立案と発破の実施の参考になり，火薬類の安全かつ有効な利用が推進されれば幸せである．

　なお，この著書を執筆するに際し，愛媛大学　勝山邦久教授，日本化薬（株）橋爪清様，日本油脂（株）黒川孝一様，旭化成（株）山本雅昭様には貴重な資料の提供など，多くのご協力を頂いた．ここに記して深く感謝する次第である．

　2001年6月

著　　者

目　次

1．火薬類の定義と分類 …………………………………………………………1
　演習問題 ……………………………………………………………………2

2．火薬類の性能特性 ……………………………………………………………3
　2.1　概　要 …………………………………………………………………3
　2.2　爆速と爆轟圧 …………………………………………………………4
　2.3　火薬力 …………………………………………………………………8
　2.4　酸素バランス …………………………………………………………9
　2.5　死　圧 …………………………………………………………………10
　演習問題 ……………………………………………………………………11
　引用・参考文献 ……………………………………………………………11

3．化合火薬類 ……………………………………………………………………12
　3.1　概　要 …………………………………………………………………12
　3.2　ニトロ化合物 …………………………………………………………12
　　3.2.1　トリニトロトルエン　12
　　3.2.2　ピクリン酸　13
　　3.2.3　テトリル　13
　　3.2.4　ヘキソーゲン　13
　3.3　硝酸エステル …………………………………………………………14
　　3.3.1　ニトロセルローズ　14
　　3.3.2　ニトログリセリンとニトログリコール　14
　　3.3.3　ペンスリット　16
　3.4　化合火薬を主とする爆薬 ……………………………………………16
　　3.4.1　アマトール　16
　　3.4.2　コンポジションB　16
　　3.4.3　テトリトール　16

3.4.4　ペントライト　17
　　3.4.5　アルマトール　17
　　3.4.6　コーズマイト　17
　演習問題 ……………………………………………………………………17
　引用・参考文献 ……………………………………………………………17

4．起爆薬 …………………………………………………………………18
　4.1　雷こう ………………………………………………………………18
　4.2　ジアゾ・ジニトロフェノール ……………………………………18
　4.3　アジ化鉛 ……………………………………………………………19
　4.4　テトラセン …………………………………………………………19
　4.5　トリシネート ………………………………………………………19
　演習問題 ……………………………………………………………………20
　引用・参考文献 ……………………………………………………………20

5．ダイナマイト …………………………………………………………21
　5.1　概　要 ………………………………………………………………21
　5.2　ニトロゲル以外のダイナマイトの主要成分 ……………………23
　　5.2.1　硝酸アンモニウム（硝安）　23
　　5.2.2　硝酸ナトリウム（チリ硝石）　24
　　5.2.3　硝酸カリウム（硝石）　25
　　5.2.4　減熱消炎剤　25
　5.3　ダイナマイトの酸素バランス ……………………………………25
　5.4　各種ダイナマイトの組成と性能 …………………………………25
　5.5　ダイナマイトの製造 ………………………………………………27
　5.6　ダイナマイト使用上の注意と保安 ………………………………29
　　5.6.1　ダイナマイトの凍結　29
　　5.6.2　ダイナマイトの自然分解および貯蔵安定性　29
　　5.6.3　ダイナマイトの老化　30
　　5.6.4　ダイナマイトの吸湿固化または吸湿軟化　30
　　5.6.5　ニトロ浸出　31
　　5.6.6　人体への影響　31

5.7　爆発生成ガス（後ガス）内の有毒成分 ……………………………31
　　5.8　ダイナマイトの加圧下における爆轟性 ………………………………32
　演習問題 …………………………………………………………………………33
　引用・参考文献 …………………………………………………………………33

6. 硝 安 爆 薬 …………………………………………………………………34

7. 硝安油剤爆薬 ………………………………………………………………36
　　7.1　概　　要 ……………………………………………………………36
　　7.2　歴史とわが国における定義 ……………………………………………38
　　7.3　硝安油剤爆薬の製造と包装 ……………………………………………38
　　7.4　硝安油剤爆薬の起爆 ……………………………………………………39
　　7.5　硝安油剤爆薬の高感度化と高性能化 …………………………………40
　　7.6　硝安油剤爆薬の装填と静電気 …………………………………………40
　　7.7　後ガス ……………………………………………………………………42
　　7.8　硝安油剤爆薬の長所と欠点 ……………………………………………42
　演習問題 …………………………………………………………………………43
　引用・参考文献 …………………………………………………………………43

8. 含 水 爆 薬 …………………………………………………………………44
　　8.1　概　　要 ……………………………………………………………44
　　8.2　スラリー爆薬 ……………………………………………………………46
　　8.3　エマルション爆薬 ………………………………………………………49
　　8.4　含水爆薬の爆轟機構 ……………………………………………………51
　　8.5　含水爆薬の製造 …………………………………………………………51
　　8.6　機械装填用バルク含水爆薬 ……………………………………………52
　演習問題 …………………………………………………………………………52
　引用・参考文献 …………………………………………………………………52

9. カーリット …………………………………………………………………53
　演習問題 …………………………………………………………………………54
　引用・参考文献 …………………………………………………………………54

10. 黒色火薬 …………………………………………………………… 55
    演習問題 ………………………………………………………… 57

11. 発射薬と推進薬 …………………………………………………… 58
   11.1 ダブルベース無煙火薬とトリプルベース無煙火薬 ……… 58
   11.2 コンポジット系推進薬 ……………………………………… 58
   11.3 推　力 ………………………………………………………… 58
    引用・参考文献 ………………………………………………… 60

12. 火 工 品 ……………………………………………………………… 61
   12.1 概　要 ………………………………………………………… 61
   12.2 導火線 ………………………………………………………… 62
   12.3 導爆線 ………………………………………………………… 63
   12.4 工業雷管 ……………………………………………………… 64
   12.5 電気雷管 ……………………………………………………… 65
     12.5.1 瞬発電気雷管　66
     12.5.2 延時薬を用いる遅発電気雷管　68
     12.5.3 電子遅延式電気雷管　70
     12.5.4 耐静電気雷管　71
     12.5.5 地震探鉱用電気雷管　71
   12.6 非電気点火システム ………………………………………… 71
     12.6.1 概要　71
     12.6.2 導火管付き雷管を用いる点火システム　72
     12.6.3 ガス導管式雷管を用いる点火システム　74
   12.7 コンクリート破砕器 ………………………………………… 74
   12.8 建設用びょう打銃空砲 ……………………………………… 75
    演習問題 ………………………………………………………… 75
    引用・参考文献 ………………………………………………… 76

13. 性 能 試 験 ………………………………………………………… 77
   13.1 概　要 ………………………………………………………… 77
   13.2 爆発威力 ……………………………………………………… 77

13.2.1　爆速測定法　77
　　13.2.2　猛度試験　82
　　13.2.3　弾動振子試験　83
　　13.2.4　弾動臼砲試験　84
　　13.2.5　鉛とう試験　85
　　13.2.6　爆力試験　85
　　13.2.7　鉛板試験　86
　13.3　感　度 ……………………………………………………………86
　　13.3.1　落つい感度試験　87
　　13.3.2　殉爆（じゅん爆）試験　88
　　13.3.3　カードギャップ試験　89
　　13.3.4　爆轟起爆試験　89
　　13.3.5　摩擦感度試験　92
　　13.3.6　熱感度試験　92
　13.4　安定度 ……………………………………………………………94
　　13.4.1　遊離酸試験　95
　　13.4.2　耐熱試験　95
　　13.4.3　加熱試験　96
　13.5　検定爆薬試験 ……………………………………………………97
　演習問題 …………………………………………………………………98
　引用・参考文献 …………………………………………………………98

14．電気雷管の点火方法および電気点火用機器 ………………99
　14.1　点火方法 ……………………………………………………………99
　　14.1.1　概要　99
　　14.1.2　点火回路の検討　101
　　14.1.3　結線に際しての注意事項　105
　　14.1.4　電気点火に際しての確認事項と注意事項　105
　14.2　電気点火用機器 ……………………………………………………106
　　14.2.1　発破器　106
　　14.2.2　発破用テスター（抵抗計）と光電式テスター　108
　演習問題 …………………………………………………………………109
　引用・参考文献 …………………………………………………………109

15. 発　破 ………………………………………………………… 110
- 15.1　概　要 ……………………………………………………… 110
- 15.2　1自由面発破 ……………………………………………… 112
- 15.3　2自由面発破 ……………………………………………… 114
- 15.4　制御発破 …………………………………………………… 118
- 演習問題 …………………………………………………………… 121
- 引用・参考文献 …………………………………………………… 121

16. 発 破 振 動 ……………………………………………………… 122
- 16.1　概　要 ……………………………………………………… 122
- 16.2　発破振動の振動速度最高値の予測 ……………………… 122
- 16.3　発破振動の振動レベルの予測 …………………………… 123
- 16.4　発破振動の軽減対策 ……………………………………… 128
- 演習問題 …………………………………………………………… 128
- 引用・参考文献 …………………………………………………… 128

17. 発 破 騒 音 ……………………………………………………… 129
- 17.1　概　要 ……………………………………………………… 129
- 17.2　発破騒音の発生機構と発破騒音の予測 ………………… 129
- 17.3　発破騒音の軽減対策 ……………………………………… 133
- 演習問題 …………………………………………………………… 136
- 引用・参考文献 …………………………………………………… 136

18. 爆 発 加 工 ……………………………………………………… 137
- 18.1　爆発成形 …………………………………………………… 137
- 18.2　爆発圧着 …………………………………………………… 137
- 18.3　その他 ……………………………………………………… 139
- 引用・参考文献 …………………………………………………… 139

演習問題解答 ……………………………………………………… 141
さくいん ………………………………………………………… 145

1. 火薬類の定義と分類

　火薬類（explosives）とは利用価値がある爆発物であって，火薬と爆薬に分けることができる．

　火薬とは，高温・高圧の化学反応面が伝播する速度がその爆発物内の音速よりも遅いものである．このような燃焼速度での燃焼状態を爆燃（deflagration），または単に燃焼（combustion）といい，燃焼面の伝播速度を燃焼速度または単に燃速という．

　一方，爆薬とは，高温・高圧の化学反応面の伝播速度がその爆発物内の音速よりも速いものである．このような非常に急激な燃焼を爆轟（detonation）といい，この場合の燃焼波面，すなわち，爆轟波面の伝播速度を爆速（detonation velocity）という．

　ただし，火薬とか爆薬という名称はそれが最も一般的に使用されるときの爆発状態で呼ばれているのであって，爆薬の中には必ず爆轟状態で爆発するものもあるし，ごく少量では爆轟せずに爆燃または単に燃焼するだけであるが，多量になったり，少量でも強く衝撃されると爆轟するものもある．

　また，火薬類は化合火薬類（爆発性化合物）と混合火薬類（爆発性混合物）とに分けることもできる．前者に属するものとしては，ニトログリセリン，ニトロセルローズ，ペンスリット，ピクリン酸，TNT（トリニトロトルエン）などがあり，後者に属するものとしては，ダイナマイト，硝安油剤爆薬（ANFO爆薬），含水爆薬，カーリット，黒色火薬などがある．混合火薬類の中には，混合する成分の中に化合火薬を含むものもあるし，成分のすべてがそれだけでは爆発しないが，混合することによって爆発物となる混合火薬類もある．

　さらに用途によって分類すれば発破薬（blasting explosives），推進薬

（propellant）および火工品に分けることもできる．火工品とは火薬類を金属または非金属材料を用いて被覆したり封入したりして加工したものであって，火薬または爆薬を点火したり爆発反応を伝播させたりするために使用するものである．

演習問題

1.1 爆発性物質内を音速以下の速度で爆発反応が伝播する現象を何というか．
1.2 爆発性物質内を音速以上の速度で爆発反応が伝播する現象を何というか．
1.3 爆燃している反応面が爆発性物質内を伝播する速度を何というか．
1.4 爆轟している反応面が爆発性物質内を伝播する速度を何というか．

2. 火薬類の性能特性

2.1 概　　要

　爆薬が爆発するという現象は，化学反応熱で支えられた衝撃波（爆轟波）が爆薬内を伝播する現象とみなすことができる．この爆轟波の波面圧力が大きいほど当然衝撃効果は大きい．爆薬の爆轟波面圧力を爆轟圧と呼んでいる．爆轟圧などの爆轟波に関連する爆薬の威力特性を動的特性と呼び，爆薬の動的特性と密接な関係にある作用効果を動的効果という．

　一方，爆薬が爆発すると高温・高圧の気体になる．この高温・高圧の気体がもつエネルギーに関連する爆薬の威力特性を静的特性と呼び，それと密接な関係にある作用効果を仕事効果または静的効果という．

　したがって，爆薬の衝撃効果を利用したい場合には使用する爆薬の爆轟圧の大きさが重要となり，高温・高圧の気体が膨張しようとする時の力を利用したい場合には火薬力の大きさが重要になる．

　以下に，爆薬の威力について検討するために必要となる爆薬の動的特性の最も一般的な指標である爆速と，静的特性の最も一般的な指標である火薬力についてまず説明し，ついで，トンネル内などの空気の流通が十分でない場所で爆薬を使用する場合に問題となる爆発生成ガス内の有毒成分（CO，NO_2など）の量に関係する爆薬の酸素バランスについて説明し，最後に，ある種の爆薬に特有な特性であり，発破の実施に際して注意せねばならない特性である死圧について説明する．

2.2 爆速と爆轟圧

まず爆速についてであるが，一般に爆薬の爆速は爆薬の組成と密度（見掛け密度）とによって変化するが，同一の爆薬でも密閉状態や起爆力の強さによっても変化し，密閉の程度が強くなるにつれて，すなわち，大気中で爆発させるよりも鉄管内とか装薬孔内で爆発させた方が爆速はその爆薬の最高爆速に近くなる．薬径もまた密閉状態と同様の効果を爆速に与えるので，薬包が細い場合には爆速が遅くなり，薬包径が大きくなるにつれて爆速はその爆薬の最高爆速まで上昇する．表2.1は代表的なダイナマイトである新桐ダイナマイトについて，薬径，容器強度（密閉の強さ）と爆速の関係を示したものである．

表2.1 新桐ダイナマイトの薬径，容器強度と爆速 [m/s] の関係

容器＼薬径[mm]	40	20	15	12	10
鋼 管	6500	5500	4800	—	不 爆
塩化ビニールパイプ	6000	4600	3900	3500 不爆あり	不 爆
ガラス管	—	3900	3500	2700 不爆あり	不 爆
紙 筒	5600	3200	2500	不 爆	不 爆

次に爆轟圧について説明する．爆薬内の爆轟している面は爆薬内を爆速に対応する速さで移動するから，これを爆轟波と呼んでいる．爆轟波は化学反応熱によって支えられた一種の衝撃波とみなし得るので，爆轟波に対しても衝撃波の場合と同一の理論を適用し得る．

さて，衝撃波の波面に直角方向（伝播方向）の圧力 P は次式で示される．

$$P = \rho \cdot c \cdot v \tag{2.1}$$

ここに，ρ は衝撃波が伝播している媒質の密度であり，c は衝撃波伝播速度，v は粒子速度である．爆轟波の場合には c を爆速（D）とみなし，v を爆轟波面直後のガス流速（w）とみなせばよいので，爆轟波面圧力，したがって，爆轟圧（P_{det}）は，

$$P_{\text{det}} = d \cdot D \cdot w \tag{2.2}$$

で示されることになる．ここに d は爆薬の密度である．D は13.2.1項に示す

ように比較的簡単に測定し得るが，w の測定は今のところ方法がない．したがって，爆轟圧を求めるための計算式としては，w は D と d との関数であるという理論的検討の結果にもとづいたものが多く示されている．

その一例として，ジョーンズ（Jones），パターソン（Paterson），クック（Cook）が提唱している爆轟圧の計算式を次に示す．

$$\text{Jones}：P_{\text{det}}=0.4157 \cdot d\,(1-0.5430 \cdot d+0.1925 \cdot d^2)D^2 \qquad (2.3)$$

$$\text{Paterson}：P_{\text{det}}=0.3846 \cdot d\,(1-0.3316 \cdot d+0.0007 \cdot d^2)D^2 \qquad (2.4)$$

$$\text{Cook}：P_{\text{det}}=0.3353 \cdot d\,(1-0.3016 \cdot d+0.0826 \cdot d^2)D^2 \qquad (2.5)$$

なお，これらの式の単位は CGS 単位である．

爆轟圧は数万から数十万気圧にも達するが，爆轟圧そのものも実測されている．その方法の一つに，水中衝撃波法（aquarium technique）と呼ばれている方法がある．以下にその方法と爆轟圧の実測結果を示す[1,2]．

この方法は図 2.1 に示すように，爆薬の一端を水中に入れ他端から起爆すると，爆轟波が爆薬中を伝播して下の端面に達し水を衝撃するので，その衝撃により水中に衝撃波が発生する．水中衝撃波の伝播速度と衝撃波面圧力との間には図 2.2 に示した関係がある．したがって，図 2.1 に示した爆薬の下の端面の

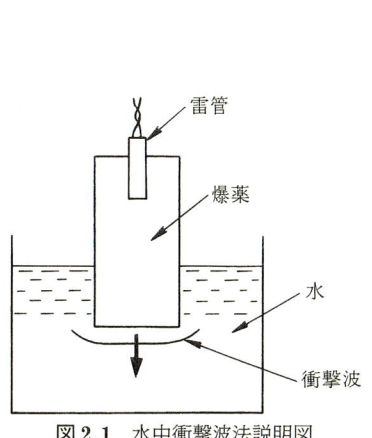

図 2.1　水中衝撃波法説明図

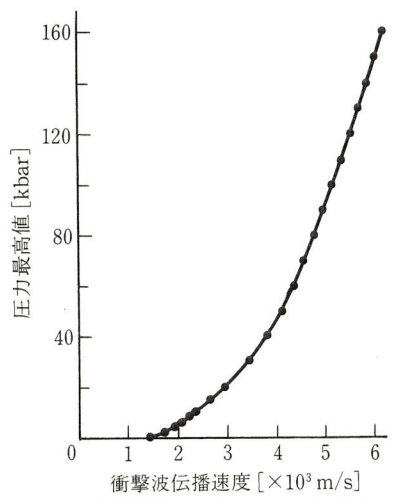

図 2.2　水中衝撃波の波面圧力と伝播速度との関係（M.A. Cook による）

すぐ下で水中衝撃波の伝播速度を測定すれば，図2.2の関係を用いて水中衝撃波の波面圧力を求め得る．爆轟波が水を衝撃した面，すなわち，爆薬と水との境界面における水中衝撃波の波面圧力（P_w）と爆轟波の波面圧力（P_{det}）との間には，次の式（2.6）の関係が存在するとみなし得るから，この式を用いて爆轟波の波面圧力，すなわち，爆轟圧を求めることができる．

$$P_{det} = \frac{\rho_w \cdot C_w + d \cdot D}{2 \rho_w \cdot C_w} P_w \qquad (2.6)$$

ここに，D は爆速，d および ρ_w は爆薬および水の密度，C_w は爆轟波によって衝撃された面から水中へ伝播して行く衝撃波の初期速度，すなわち，P_w に対応する水中衝撃波の伝播速度である．

表2.2は実験に供した各種の爆薬の密度と爆速実測値，および，これらの爆薬の爆轟圧を水中衝撃波法を用いて実測した結果と，式（2.3）を用いて計算した計算値とを一まとめにして示したものである．なお，この表に示した信頼区間幅は信頼係数が0.95の場合の信頼区間幅である．図2.3は爆轟圧の実測結果と式（2.3）から求めた爆轟圧とを対比するために，縦軸に（爆轟圧：P_{det}）/（爆速：D）^{2} をとり，横軸に密度（Δ）をとって実測結果と計算結果とを対比して図示したものである．図の点線が式（2.3）を用いて計算した値である．また，図に示した実測した爆轟圧の平均値に付した縦の線分の長さは信頼

表2.2 各種爆薬の密度，爆速，および爆轟圧の実測値

爆薬名	密度 [g/cm³]	爆速 [m/s]			爆轟圧 [kbar]				式(2.3)を用いて計算した爆轟圧計算値
		試料数	爆速平均値	標準偏差	試料数	爆轟圧平均値	標準偏差	信頼区間幅	
TNT	0.8	7	3910	140	7	41.1	7.0	7.7	34
TNT	1.0	7	4590	240	7	64.9	8.1	8.9	57
PETN	0.9	5	4760	330	5	55.0	9.7	15.5	58
2号榎ダイナマイト	1.5	7	5370	220	6	139.0	25.2	32.4	112
あかつき爆薬	1.0	7	3490	210	7	42.3	4.9	5.3	33
PETN/TNT (60/40)	1.7		7200		16	240	25.6	14.6	235
Geogel 60 %	1.5		6200		5	170	15.7	25.2	148
BeliteA 60 %	1.1		3300		18	46	8.6	4.6	32

2.2 爆速と爆轟圧　7

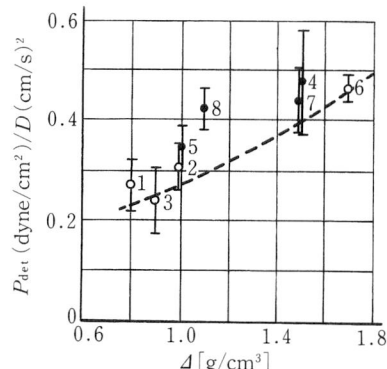

図 2.3　実測した爆轟圧と式 (2.3) を用いて計算した爆轟圧との比較

係数が 0.95 の場合の信頼区間幅である．この図より，○で示した化合火薬類は式 (2.3) より近似的に爆轟圧を計算し得るが，●で示したダイナマイトの場合には計算値よりも実測値の方がやや大きいことがわかる．

[例題 2.1]　爆速が 5000 m/s の爆薬と爆速が 3500 m/s の爆薬とでは，爆轟圧はどちらの爆薬の方が大きいか．ただし，爆薬の密度は等しいとする．
[解]　式 (2.3)～(2.5) に示した爆轟圧の計算式，および，図 2.3 に示した実験結果より，爆薬の密度が等しければ爆轟圧は爆速の 2 乗に比例するとみなすことができる．したがって，爆速が 5000 m/s の爆薬の方が爆轟圧は大きい．

[例題 2.2]　密度が 1200 kg/m³，爆速が 5000 m/s である爆薬の爆轟圧を求めよ．
[解]　式 (2.3) として示したジョーンズが提唱している計算式を用いることにする．式 (2.3) の単位は，CGS 単位なので，まず，CGS 単位で計算し，その値を SI 単位に換算することにする．CGS 単位で示すと，密度は $1.2\,\mathrm{g/cm^3}$，爆速は $5\times 10^5\,\mathrm{cm/s}$ となる．これらの値を式 (2.3) に代入すると，

$$P_{\mathrm{det}} = 0.4157 \times 1.2 \{1 - 0.5430 \times 1.2 + 0.1925 \times (1.2)^2\} \times (5\times 10^5)^2$$
$$= 7.8 \times 10^{10}\ [\mathrm{dyne/cm^2}]$$

となる．10 dyne/cm²＝1 N/m²＝1 Pa であるから，爆轟圧は，7800 MPa となる．したがって，約 78000 気圧という強大な圧力が発生することがわかる．

2.3 火 薬 力

爆薬がもっている仕事効果について検討するためには，上記の爆轟圧のみならず爆発によって発生したガスがもっているエネルギーに着目する必要がある．そこで火薬学では爆発ガスがもっているエネルギーに対応するものとして，火薬力（f）が定義されている．これは次式で示される．

$$f=\frac{P_o \cdot V_o \cdot T_e}{273} \tag{2.7}$$

ここに，V_o は比容と呼ばれているものであって，1 kg の爆薬が爆発した場合に発生するガスの容積を標準状態（0 ℃・1 気圧）に換算したものであり，T_e は爆発温度（絶対温度），P_o は爆薬 1 kg の爆轟によって生成したガスが V_o において示す圧力，すなわち，1 気圧（＝101.325 kPa）である．

式（2.7）から明らかなように，爆発温度が高い爆薬や爆発生成ガスのうち常温でも気体であるガスを多く含む爆薬の火薬力は大きくなる．したがって発破の場合には，火薬力の大きい爆薬ほど，破砕岩石を押し出す力は強い．

火薬力の大きさは後述する弾動振子試験や弾動臼砲試験や鉛とう試験の結果と対応している．

［例題 2.3］ 火薬力が大きい爆薬ほど爆発生成ガスの膨張による力が大きい理由を示せ．

［解］ 式（2.7）より明らかなように，火薬力は比容と爆発温度に比例している．
　比容は 1 kg の爆薬が爆発したとき発生するガスの容積を 0 ℃・1 気圧に換算したものであるから，爆発した瞬間の高温のときには気体であったが，爆発生成ガスの断熱膨張により温度が低下すると固体になってしまう物質が爆発生成物内にあると，断熱膨張による温度低下によってガスの容積が急激に減少し，爆発ガスの圧力も低下してしまう．したがって，比容が大きいということは，爆発によって発生する成分のほとんどが常温でも気体である物質なので，爆発ガスが少々膨張し，断熱膨張によって温度が低下したとしても，それほど急激にガスの体積は減少せず，圧力は維持されており作用する圧力も大きい．

2.4 酸素バランス

酸素バランスとは完全酸化するために必要な酸素の過不足である．すなわち，火薬類の爆発反応では組成中の各元素は最終的には，CはCO_2に，HはH_2Oに，NはN_2に，KはK_2OまたはK_2CO_3になることが望ましい．火薬類が爆発してこのように反応したとした場合の酸素の過不足を酸素バランスという．完全酸化してもなお酸素が余る場合を酸素バランスがプラスであるといい，完全酸化するための酸素量が不足する場合を酸素バランスがマイナスであるという．表2.3に数種の化合火薬1gあたりの酸素過不足を示す．この表でプラスは酸素が余っていること，すなわち，完全酸化してもなおどれだけの酸素が余っているかを示し，マイナスは完全酸化するためにはどれだけの酸素が不足しているかを示している．表2.3より，ニトログリセリンは爆発して完全酸化してもなおニトログリセリン1gあたり0.035gの酸素が余っていることがわかる．またTNTは0.74gの酸素が不足し完全酸化が行われないために，爆発生成ガスの中に人体に有害なCOが発生することがわかる．表2.4は混合火薬

表2.3 化合火薬の酸素過不足

物 質 名	酸素過不足 [g]
ニトログリセリン	+0.035
ニトログリコール	0
ニトロセルローズ	−0.387
ペンスリット	−0.101
テトリル	−0.474
TNT	−0.740
ヘキソゲン	−0.216

表2.4 酸素供給剤1gあたりの発生酸素量

物 質 名	発生酸素量 [g]
硝酸アンモニウム	0.200
硝酸カリウム	0.392
硝酸ナトリウム	0.472
過塩素酸アンモニウム	0.340

表2.5 可燃物1gあたりの必要酸素量

物 質 名	必要酸素量 [g]
軽 油	3.430
木 粉	1.370
澱 粉	1.185
アルミニウム	0.890
けい素鉄	1.070
木 炭	2.842
硫 黄	1.000
海藻粉	0.800

に用いられている酸素供給剤1gがどれだけの酸素を供給するかを示した表であり，表2.5は可燃剤として用いられている物質1gを燃焼させるために，どれだけの酸素が必要かを示した表である．現在多用されている混合火薬は，表2.5に示した可燃物と表2.4に示した酸素供給剤との混合物が多いが，両者を混合する比率は可燃物が完全酸化したとしてもなお少し酸素が残るように決められる．

[例題2.4] 現在多用されている産業用爆薬の酸素バランスはプラスかマイナスか．
[解] 現在多用されている産業用爆薬はすべて混合爆薬であり，可燃物と酸素供給剤とを混合する比率は可燃物が完全酸化したとしてもなお少し酸素が残るように決められている．したがって，酸素が余るので酸素バランスはプラスである．

2.5 死　　圧

　ある種の爆薬は圧縮すると爆轟しなくなるという特性をもっている．これを死圧 (dead pressure) という．工業用爆薬には死圧現象があるものが多い．死圧現象に注意せねばならない場合としては，静水圧が作用する場合，すなわち，海底発破や水が溜まっている深い孔の底で火薬類を爆発させる場合などがまずあげられる．次にあげられる場合として，装薬孔の直径より細い爆薬包を装填した場合，装薬孔径/薬包径の比率がある大きさ以上になったときに爆薬の爆轟が中断するという現象がある．これは，起爆点近傍の爆薬の爆轟衝撃によって薬包と装薬孔内壁との間の隙間にある空気中に空中衝撃波が投射される．この隙間に発生した空中衝撃波の伝播速度が爆速よりも速くなると，爆轟波面よりも空中衝撃波の波面の方が先に進むという現象が発生する．このような状況になると，この空中衝撃波の圧力によってまだ爆発していない部分の爆薬が圧縮されるために死圧現象が発生し，爆轟が中断してしまうという現象が発生する．この現象をチャンネル効果による爆轟中断と呼んでいる．また，複数の装薬孔に装填された爆薬の間隔が非常に短く，かつ，それらが同時に起爆されない場合には，先に爆発した爆薬の爆発生成ガスが亀裂を通って隣の装薬孔内へ流れ込み，そこに装填されているまだ爆発していない爆薬を圧縮して死圧現

象を発生させるということもあり得る．

演習問題
2.1 爆轟圧の大きい爆薬はどのような特性をもっているか．
2.2 火薬力の大きい爆薬はどのような特性をもっているか．
2.3 ある種の爆薬はゆっくり加圧されると爆発しなくなるという性質をもっている．これを何というか．
2.4 装薬孔径/薬包径の比率がある大きさ以上になったときに爆薬の爆轟が中断するという現象がある．この現象は何と呼ばれているか．

引用・参考文献
1） 佐々宏一，伊藤一郎；工業火薬協会誌，Vol. 27, No. 4, 1966.
2） 佐々宏一，伊藤一郎；工業火薬協会誌，Vol. 32, No. 6, 1971.

3. 化合火薬類[1]

3.1 概　要

化合火薬類とはそれ自体に爆発性がある爆発性化合物である．

化合火薬類には，ニトロ化合物，硝酸エステルなどのN-O結合をもつもの，アジ化物，ジアゾ化合物，などのN-N結合をもつものが多い．以下に代表的な化合火薬類について説明する．

3.2 ニトロ化合物
3.2.1 トリニトロトルエン

トリニトロトルエン（TNT）は代表的な軍用爆薬である．これは石炭乾溜で得られるトルエン（$CH_3 \cdot C_6H_5$）を硫酸と硝酸の混酸で硝化することによって得られる淡黄色の柱状結晶である．なお，この結晶は日光にあたると茶褐色に変化するが，茶褐色に変化しても爆薬的性質はほとんど変わらない．

トルエンからTNTを作る反応は，
$$H_3C \cdot C_6H_5 + HNO_3 \rightarrow H_3CC_6H_2(NO_2)_3$$
である．

TNTは，比重が1.65，爆発温度は2820 ℃，爆発熱は約1000 kcal/kgで，融点は80.75 ℃，発火点は300 ℃以上である．

爆速は，比重が1.55〜1.56では6800 m/s，強く圧縮して比重を1.6とした場合には約7000 m/sである．TNTの爆速や爆力は他のニトロ化合物系爆薬に比べればむしろ低いが，融点が100 ℃以下であるために安全に溶かすことができるので，容易に溶填することができるという長所をもっている．また，金属に作用することもなく，水にも溶けず，きわめて鈍感で銃弾が貫通しても爆

発しない．毒性はないが，表 2.3 に示したように酸素バランスがマイナスである．したがって，爆発生成ガスの中に有毒なガスを含むので，坑内では使用できない．

3.2.2 ピクリン酸

ピクリン酸は化学的にはトリニトロフェノール（$C_6H_2(OH)(NO_2)_3$）であって，その製造は石炭酸に発煙硫酸を作用させてスルホフェノールとし，次にこれを硫硝混酸で硝化して作るスルフォン化法と，クロルベンゼンを硫硝混酸で硝化してジニトロクロルベンゼンとし，これを苛性ソーダで処理したのち，塩酸で中和してジニトロフェノールとし，ついで，これを硫硝混酸で硝化してピクリン酸とするクロルベンゼン法とがある．

ピクリン酸の結晶の比重は 1.763，鋳造体の比重は 1.6〜1.7 である．比重が 1.69 の場合の爆発熱は 1000 kcal/kg，爆発温度は 3320 ℃，発火点は 310 ℃，爆速は 7100 m/s である．なお，融点は 122.5 ℃である．

ピクリン酸は工業用としては，導爆線などの火工品成分として使用されていたが，現在では使用されていない．

3.2.3 テトリル

テトリルは，化学的にはトリニトロフェニルメチルニトロアミン（$(NO_2)_3C_6H_2CH_3 \cdot N \cdot NO_2$）であって，ジメチルアニリンを硝化して作る．

淡黄色の結晶で，融点が 129.5 ℃，比重は 1.73 で水にはほとんど溶けない．発火点は 190 ℃，爆発熱は 1120 kcal/kg で爆速は比重 1.67 の鋳造テトリルで，7600 m/s である．ピクリン酸や TNT よりもかなり敏感で，起爆が容易であり，爆速も大きいので，主として伝爆薬とか雷管の添装薬として利用される．昔は雷管の添装薬はすべてテトリルであったが，ペンスリットまたはヘキソーゲンに置き換えられている．

3.2.4 ヘキソーゲン

ヘキソーゲン（RDX）は化学的にはトリメチレントリニトロアミン（$(CH_2)_3(N \cdot NO_2)_3$）で，英国や米国などでは RDX と呼ばれている．無色の

結晶で，融点は 204.1 ℃，比重は 1.816 で，水には溶けない．発火点は 230 ℃，爆発熱は約 1300 kcal/kg で，爆速は軽く圧搾したもの（$d=1.0$）では 6080 m/s，強く圧搾した場合（$d=1.7$）には約 8500 m/s にも達する．

ヘキソーゲンはテトリルよりも一段と強力な爆薬であって，伝爆薬，導爆線の心薬，雷管の添装薬などに用いられており，最も強力な化合火薬である．

3.3 硝酸エステル
3.3.1 ニトロセルローズ

ニトロセルローズ（NC）はセルローズ（綿，糸など）を硝化して得られる硝酸エステルである．ニトロセルローズを作る反応は，

$$[C_6H_7O_2(OH)_3]_n + xHNO_3 = (C_6H_7O_2)_n(OH)_{3n-x}(ONO_2)_x + xH_2O$$

である．上式中の OH 基全部が ONO_2 で置き変えられたとすれば，窒素量は 14.14 ％になる．

わが国では便宜上，窒素量が約 13 ％以上のものを強綿薬（gun cotton），約 10〜12 ％のものを弱綿薬と呼んでいる．硝化に際しては反応で生ずる水を除くために，硝酸と濃硫酸との混酸が使用される．NC は硝酸エステルの中でも自然分解しやすい火薬なので，製造に際しては十分な注意と精製が必要である．

NC を基剤とする火薬をシングルベース無煙火薬と呼び，主として発射薬および推進薬として使用される．自然分解を抑制するための安定剤としては，ジフェニルアミン，エチルセントラリットが用いられる．乾燥した NC は衝撃，摩擦に対して極めて敏感であるが，水分が 7 ％程度になればかろうじて燃える程度になり，水分が 20 ％以上の圧縮綿薬は施盤などの加工機械を用いて穿孔したり切削したりすることが自由にでき，絶対に安全であると考えられている．

窒素量が 12.0 ％〜12.5 ％の NC はニトログリセリンによく溶け，ゼラチン状のニトログリセリンゲルを作るが，窒素量がこれよりも多くても少なくてもニトログリセリンにはほとんど溶けなくなる．

3.3.2 ニトログリセリンとニトログリコール

ニトログリセリン（NG）はグリセリンの，ニトログリコール（Ng）はグリコール（エチレングリコール）の硝酸エステルであって，ニトログリセリン

を作る反応は，
$$C_3H_5(OH)_3 + 3\,HNO_3 = C_3H_5(ONO_2)_3 + 3\,H_2O$$
で，常温では無色の液体である．比重は1.60（15℃），凝固点は2.2℃，融点は2.8℃で，発火点は約200℃，爆速は7500 m/s〜8000 m/sの高爆速域と1500〜2000 m/sの低爆速域との二つの安定な爆速がある．したがって，薬包がかなり細い場合や起爆源が弱い場合には低爆速域の爆速で爆轟することがある．

一方，ニトログリコールを作る反応は，
$$C_2H_4(OH)_2 + 2\,HNO_3 = C_2H_4(ONO_2)_2 + 2\,H_2O$$
で，これも常温では無色の液体である．比重は約1.5（15℃）であるが，凝固点が-22.8℃とニトログリセリンに比べると非常に低い．ニトログリコールもニトログリセリンと同様に高爆速域と低爆速域とがある．ニトロセルローズを溶かしてゼラチン状のゲルを形成する能力はニトログリセリンに勝るが，人体に及ぼす毒性はニトログリセリンより著しい．毒性とは，ニトログリセリンやニトログリコールから出る気体を吸入したり，これらに触れて皮膚から浸透して体内に入ると血管の拡張による頭痛，吐き気，めまい等の中毒症状が発生する．

ニトログリセリンの爆発分解式は，
$$4\,C_3H_5(ONO_2)_3 \rightarrow 12\,CO_2 + 10\,H_2O + 6\,N_2 + O_2$$
であるとされている．したがって，ニトログリセリンはその含有する炭素および水素を完全に酸化してもなお3.5％に相当する酸素を遊離することができる（表2.3参照）．ニトログリセリンの爆発熱は約1500 kcal/kg，爆発温度は約4250℃と算出されている．また，比容は715 l/kgである．

ニトログリコールの爆発分解は，
$$C_2H_4(ONO_2)_2 \rightarrow 2\,CO_2 + 2\,H_2O + N_2$$
となり，ちょうど完全酸化が行われ酸素の余分は残らない．爆発熱はニトログリセリンより多く約1700 kcal/kgである．

ニトログリセリンおよびニトログリコールは，これらにニトロセルローズ（窒素量12.0〜12.5％）を溶かしてニトロゲルを作り，ダイナマイトの原料として使用される．

ニトログリセリンもニトログリコールも自然分解する傾向がある．

3.3.3 ペンスリット

ペンスリット（PETN）は化学的には四硝酸ペンタエリスリットであって，ペントリットとも呼ばれている．これはペンタエリスリット（$C(CH_2OH)_4$）に濃硝酸を作用させて作る．ペンスリット（$C(CH_2ONO_2)_4$）は無色の結晶で，融点は 141.3 ℃，比重は 1.77 である．水には溶けず，発火点は 215 ℃，爆発熱は 1466～1543 kcal/kg である．爆速は，軽く圧搾して見掛け比重を 0.85 にした場合には 5330 m/s，見掛け比重が 1.5 の場合には 7600 m/s．強く圧搾し，見掛け比重を 1.70 にした場合には 8300 m/s となる．

ペンスリットは最も強力な爆薬の一つであって，導爆線の心薬，雷管の添装薬などとして用いられる．

なお，ペンスリットは硝酸エステルであるにもかかわらず自然分解の傾向は極めて小さい．

3.4 化合火薬を主とする爆薬

3.4.1 アマトール

TNT と硝安（硝酸アンモニウム）を用いた爆薬で軍用爆薬である．

TNT 60 ％と硝安 40 ％の混合物や，TNT 20 ％と硝安 80 ％の混合物などがある．

3.4.2 コンポジション B

一般的な軍用爆薬である．RDX が 60 ％と TNT が 40 ％の混合物で，比重は 1.65～1.7，爆速は約 7800 m/s である．

3.4.3 テトリトール

テトリルが 65～75 ％，TNT が 25～35 ％の混合物で，比重は 1.61～1.65，爆速は 7400 m/s 程度である．

3.4.4 ペントライト

PETN が 50 %，TNT が 50 % の混合物で，比重は 1.63～1.67，爆速は約 7500 m/s である．

3.4.5 アルマトール

TNT が 20 %，硝安が 77 %，アルミニウムが 3 % の割合で混合されている．

3.4.6 コーズマイト

これは中国化薬株式会社の製品名であって産業用爆薬である．これにはアマトール系のコーズマイト 2 号と TNT，RDX，硝安を主成分とする 3 号，4 号，12 号，31 号などがある．

演習問題

3.1 人体に有害な化合火薬類を示せ．
3.2 雷管の添装薬として使われる化合火薬類にはどんなものがあるか．
3.3 ニトログリセリンによく溶け，ゼラチン状のニトロゲルを作るニトロセルローズはどのようなニトロセルローズか．
3.4 シングルベース無煙火薬とは，どのような火薬で，何に使われるか．
3.5 自然分解しやすい化合火薬類を示せ．

引用・参考文献

1) 火薬ハンドブック；工業火薬協会編，共立出版（株），1987．

4. 起 爆 薬

 ある種の爆薬はわずかな外力や点火によってすぐに爆轟し，きわめてすみやかに最高爆速に達する．この種の爆薬を起爆薬[1]といい，雷こう，アジ化鉛，ジアゾ・ジニトロフェノール (DDNP)，テトラセン，トリシネート（トリニトロレゾルシン鉛）などがこれに属する．

4.1 雷 こ う

 雷こうは化学的には雷酸水銀 $Hg(ONC)_2$ であって，水銀を硝酸に溶かした硝酸水銀にエチルアルコールを注ぐと激しい反応の後に生成析出される物質である．細かい菱形板状の結晶で比重は 4.4，見掛け比重も 1.2～1.7 でかなり重い．死圧現象がある．しかし，通常の状態では火炎，衝撃，摩擦に対してきわめて鋭敏である．爆速は，比重 3.0 で 4000 m/s 程度，比重 4.0 で 5050 m/s 程度である．発火点は 170～190 ℃ である．通常，雷こうは塩素酸カリと混合して使用される．この混合物を雷こう爆粉，または単に爆粉と呼んでいる．爆粉も死圧現象がある．

 昔は雷管の起爆薬に爆粉が用いられていたが，現在は全く使用されず，わが国では 1955 年頃より次に示す DDNP が雷管の起爆薬として使用されている．

4.2 ジアゾ・ジニトロフェノール

 ジアゾ・ジニトロフェノール（$C_6H_2(NO_2)_2ON_2$）は通常 DDNP と呼ばれている．この爆薬はピクラミン酸ナトリウムを塩酸酸性の水中にただよわせ，亜硝酸ナトリウムを加えて作られる輝黄色ないし紅黄色の粉末である．比重は 1.63，発火点は 180 ℃ で着火性はよい．しかし，融点が 169 ℃ なので高温の場所で使用する雷管には使用できない．爆速は，見掛け比重が 1.58 のとき

6900 m/s で，常用の起爆薬の中では最大である．死圧現象がある．

　雷管の起爆薬としては DDNP が単独で使用される場合と DDNP と塩素酸カリウムを混合して使用する場合とがある．この混合物は DDNP 爆粉と呼ばれている．

4.3　アジ化鉛

　アジ化鉛（$Pb(N_3)_2$）は無色の結晶で，発火点は 320〜360 ℃ と高いが，点火されると瞬時に爆轟し，爆速は見掛け比重が 3.8 のとき 4500 m/s であり，見掛け比重が 4.8 になると，5300 m/s となり，起爆力は大きい．しかし，これは容易にアジ化水素酸（HN_3）を発生し，これが銅に触れると非常に鋭敏なアジ化銅（$Cu(N_3)_2$）を作るから注意が必要である．

　雷管の起爆薬として使用されたこともあるが，現在は使用されていない．しかし，熱に対して安定なので，耐熱雷管用として用いられることもある．この場合には雷管の管体の材料として，アルミニウムが用いられる．

4.4　テトラセン

　テトラセン（$C_2H_8N_{10}O$）は発火点が 140 ℃ で熱感度が鋭敏である．爆発熱は 663 kcal/kg．爆力は弱いが，発生ガス量が多い．他の起爆薬と混ぜて使用する場合が多く，用途は銃用雷管，爆発びょう用爆薬に使用されている．

4.5　トリシネート

　トリシネート（$C_6H(NO_2)_3O_2Pb$）はトリニトロレゾルシン鉛でスティフネートともいう．爆速は見掛け比重が 0.93 で 2100 m/s である．爆発熱は 370 kcal/kg，発火点は 275〜280 ℃ である．これもテトラセンと同様で爆力が弱いので，他の起爆薬と混ぜて使用される．火花などによる着火性が良好なので，電気雷管の点火薬として使用される．

演習問題

4.1 着火性の良い起爆薬を示せ．
4.2 威力の大きい起爆薬を示せ．
4.3 雷管の起爆薬として多用されている爆薬は何か．
4.4 銃用雷管や爆発びょう用爆薬として用いられる爆薬は何か．

引用・参考文献

1) 火薬ハンドブック；工業火薬協会編，共立出版㈱，1987

5. ダイナマイト

5.1 概　　要

　ダイナマイトという名称はもともと商品名であったが，今ではニトログリセリンを基剤とする爆薬の総称として用いられている．

　1866年にスウェーデンのアルフレッド・ノーベル（Alfred B. Nobel）（1833－1896）がニトログリセリンを珪藻土にしみこませた爆薬を作り，珪藻土ダイナマイトと名付けた．その後，彼は1878年にニトログリセリンとニトロセルローズとを混ぜ合わせるとゼラチン状の取り扱い易い爆薬になることを見出し，これをブラスティングゼラチンと名付け，これを用いてダイナマイトの本格的生産を開始した．その後，このブラスティングゼラチンに硝酸アンモニウム（硝安），硝酸カリウム（硝石），木炭などを混ぜた各種のダイナマイトが発明された．このダイナマイトは発明後100年以上にもなる今日においてもまだかなり使用されており，その消費量は1999年に消費された産業用爆薬のうちの約6％である．　現在製造されているダイナマイトはニトログリセリンとニトログリコールとの混合物（その比率は日本では60：40が多い）にニトロセルローズを溶かしてできるゼラチン状（膠質）のニトロゲルを基剤とし，これに硝酸アンモニウム，硝酸カリウム，硝酸ナトリウムなどの酸素供給剤と木粉，澱粉などの可燃剤とを種々の比率で混合したものが多い．混合成分のなかでニトロゲルの含有量が多い場合にはニトロゲルの性質が維持されて膠質のダイナマイトになるが，ニトロゲル以外の混合される成分はほとんどが粉状であるため，ニトロゲルの含有量が約18％以下になると粉状のダイナマイトになってしまう．わが国で製造されているダイナマイトはその配合成分によって，表5.1に示すような名称で大別されている．なお，この表には示していないが

表5.1 各種ダイナマイトの組成と性能

項目	品種	桜ダイナマイト	特桐ダイナマイト	桐ダイナマイト	新桐ダイナマイト	2号桐ダイナマイト	3号桐ダイナマイト	榎ダイナマイト	2号榎ダイナマイト	新桂ダイナマイト	あかつき・ぼたん爆薬
組成[%]	ニトログル	49〜54	49〜54	34〜39	29〜39	20〜29	16〜25	28〜38	22〜32	7〜12	5〜6
	硝安(硝石)	(36〜40)	39〜48	52〜60	54〜66	60〜72	63〜74	50〜74	54〜71	70〜81	73〜80
	ニトロ化合物				0〜4	0〜9	0〜10	0〜4	0〜8	0〜9	0〜18
	木粉・穀粉	8〜11	3〜8	5〜9	4〜10	5〜20	5〜20	4〜20	4〜15	5〜17	3〜6
性状	状態	膠質	膠質	膠質	膠質	膠質	膠質	膠質	膠質	粉状	粉状
	耐湿・耐水性	耐水	耐湿	耐湿	耐湿	耐湿	耐湿	耐湿	耐湿	吸湿大	吸湿大
	見掛け比重	1.53〜1.55	1.45〜1.50	1.44〜1.50	1.42〜1.45	1.43〜1.45	1.30〜1.40	1.30〜1.45	1.30〜1.45	0.7〜0.9	0.95〜1.1
	過剰酸素 g/100g	+2.0〜+4.3	+1.4〜+1.6	+1.3〜+2.5	+1.2〜+2.5	+1.5〜+2.6	+1.5〜+2.3	+3.1	+3.0	+2.6	
爆力	鉛とう試験[cc]	320〜360	440〜500	380〜480	370〜440	370〜450	380〜450	370〜450	330〜430	300〜400	395〜430
	弾道振子[mm]	71〜76	85〜91	83〜90	80〜85	80〜88	80〜86	80〜87	80〜86	74〜78	80〜85
	爆速[km/s]	5.5〜6.1	6.5〜7.2	6.0〜7.0	6.3〜7.0	6.0〜6.8	5.5〜6.5	6.0〜7.0	5.8〜6.5	4.5〜5.5	5.0〜5.5
	ヘス猛度[mm]	15〜18	20〜23	19〜22	16〜22	18〜22	15〜21	19〜22	17〜25	14〜15	16〜18
感度	落つい感度(級)	3	4	4	5	5〜8	5〜8	5〜8	5〜8	5〜8	5〜8
	硝度(径の倍数)	5〜7	6〜8	5〜7	5〜7	4〜7	4〜6	4〜7	4〜6	4〜10	3〜6
火薬特性数	比容[l/kg]	710〜713	820〜830	860	870〜880	850〜890	840〜910	830〜840	850〜870	920	
	爆発熱[kcal/kg]	1150〜1170	1220〜1400	1090	1050〜1230	1010〜1050	980〜1040	1030〜1050	940〜1100	930	
	爆発温度[°C]	3340〜3350	3110〜3600	2750	2610〜3100	2560〜2950	2470〜2960	2680〜2990	2450〜2900	2370	
	火薬力[l·kg/cm²]	7500〜7680	10530〜12180	9870〜9880	9560〜11100	9540〜10360	9420〜10260	9280〜10360	8960〜10210	9160	

後述するように，炭鉱用ダイナマイトとして梅ダイナマイト，白梅ダイナマイトなどの梅系ダイナマイトも製造されている．

このように，ダイナマイトは化合火薬を含む混合爆薬である．

ダイナマイトは雷管1本で起爆することができる．

ダイナマイトの原料であるニトログリセリン，ニトログリコール，ニトロセルローズの性質などはすでに説明したので，その他の主要成分の性質その他について以下に簡単に説明する．

5.2 ニトロゲル以外のダイナマイトの主要成分
5.2.1 硝酸アンモニウム（硝安）

硝酸アンモニウム（NH_4NO_3）は硝酸をアンモニア水で中和し，蒸発結晶させることによって作られる白色の結晶で，水にきわめて溶けやすく，水 100 cc 中に 0 ℃で 118.3 g，30 ℃で 241.8 g，80 ℃で 580 g が溶解する．

吸湿性があり，少し吸湿すれば固化しさらに進むと潮解するので，貯蔵，使用に際しては注意を要する．温度変化に伴って表 5.2 に示すように多くの転移点を通り，結晶系や比重が変化し，これもまた固化の原因になる．融点は 169.5 ℃である．爆発性があり，100 ℃付近で解離し始め硝酸とアンモニウムになる．

$$NH_4NO_3 = HNO_3 + NH_3$$

200 ℃になると亜酸化窒素と水蒸気を生じ，

表5.2 硝安の結晶系，転移点その他

相	結晶系	比重（温度）	相の変化	転移点[℃]	比体積変化[cc/g]	転移熱[cal/g]
I	等 軸	1.594(130℃)	I→II	125.2	0.01351	11.9
II	正 方 または六法	1.666(93℃)	II→I II→III	125.2 84.2	0.01351 −0.00785	11.9 5.3
III	斜 方 または単斜	1.66 (40℃)	III→II III→IV	84.2 32.3	−0.00785 0.0221	5.3 4.99
IV	斜方両錐	1.725(15℃)	IV→III IV→V	32.3 −18	0.0221 −0.016	4.99 1.6
V	正 方 または六法	1.71(−25℃)	V→IV	−18	−0.016	1.6

$$NH_4NO_3 = N_2O + 2\,H_2O + 11.5\,\text{kcal}$$

さらに，250℃〜260℃になると爆発的に分解する．

$$2\,NH_4NO_3 = 2\,N_2 + O_2 + 4\,H_2O + 57.1\,\text{kcal}$$

完全な爆発の場合には上式のような反応となるが，不完全に爆発すると次のようになる．

$$2\,NH_4NO_3 = 2\,NO + N_2 + 4\,H_2O + 13.9\,\text{kcal}$$

$$2\,NO + O_2 = 2\,NO_2$$

このように，一酸化窒素のような有毒ガスが発生し，さらにこれは空気中の酸素と反応して二酸化窒素となる．

このように，硝安が爆発した場合にはことごとく気体になり固体物質は生じない．完全爆発式から爆発温度を求めると約1300℃となり，比容は1 kgにつき980 l である．さらにまた，供給する酸素量は表5.3に示したように1 kgにつき140 l である．これらの諸点が爆薬の基剤として注目される所である．

表5.3 ダイナマイトの主要原料の酸素過不足（$+O_2$は酸素発生，$-O_2$は酸素消費），爆発したときの発生ガス量，固形物および爆発熱（単位 kg あたり）

名称	発生ガス量 [l/kg]				固形物	爆発熱 [kcal/kg]
	O_2	N_2	CO_2	H_2O		
ニトログリセリン	+24.68	148.06	296.12	246.76		+1583
ニトログリコール	0	147.40	294.80	234.80		+1695
ニトロセルローズ	−271.29	95.75	329.80	329.80		+2486
硝酸アンモニウム	+140	280		560		+607
硝酸カリウム	+277.1	110.8	(−110.8)		K_2CO_3: 0.6834	−259
硝酸ナトリウム	+329.55	131.8	(−131.8)		Na_2CO_3: 0.6234	−259
木粉	−961.8		933.8	672.3		+4726
澱粉	−829.4		829.4	691.1		+4364
食塩					NaCl:1.0	−124
塩化カリウム					KCl:1.0	−74.2

5.2.2 硝酸ナトリウム（チリ硝石）

硝酸ナトリウム（$NaNO_3$）は硝酸アンモニウムほどではないが，相当の吸

湿性がある．また，表 5.3 に示したように，1 kg につき 329.55 l という多量の酸素を含んでいるため，爆薬中では酸素供給剤の役目をするが爆発の際に完全にガス化せず，固体のまま残る成分があるので，これを酸素供給剤として使用した爆薬は硝安を使用した爆薬ほど爆発威力は強くない．

5.2.3 硝酸カリウム（硝石）

硝酸カリウム（KNO_3）は硝酸ナトリウムと同様，酸素供給剤として使用する．供給酸素量は表 5.3 に示したように 1 kg につき 277.1 l である．なお硝酸カリウムの特徴は吸湿性がほとんどないことである．したがって，耐水性をもたせた爆薬の酸素供給剤として利用される．しかし，高価なことと反応生成物中にガス化しない成分をもっていることが欠点である．

5.2.4 減熱消炎剤

a）食塩（NaCl）　安価なので炭鉱用ダイナマイトの減熱消炎剤として最も多く使用されている．吸湿性が大であるから取扱いに注意する必要がある．

b）塩化カリウム（KCl）　減熱消炎剤として優秀であるが，高価なので特別な用途にしか用いられない．

5.3 ダイナマイトの酸素バランス

以上にダイナマイトの主成分について説明した．ダイナマイトは所定の性能を発揮するように必要に応じて上記の諸成分などを適当に配合して作られるが，その際，1 kg のダイナマイトが爆発したときに過剰酸素量がほぼ 16 l になるように設計されている．表 5.3 は参考のためにダイナマイト製造用原料の酸素過不足量，爆発生成ガス量および爆発熱を示したものである．

5.4 各種ダイナマイトの組成と性能

すでに表 5.1 にダイナマイトの一般的な組成と性能を示したが，表 5.1 に示したように，ニトロゲルの含有量が約 18 ％以上のダイナマイトは膠質ダイナマイトであり，ニトロゲルの含有量がほぼ 6〜18 ％のダイナマイトは粉状ダイナマイトである．

図 5.1 は各種ダイナマイトの特徴を示したものである．図に示すように，膠質ダイナマイトのうちで桜ダイナマイトは酸素供給剤として硝酸カリウムを用いて耐水性をもたせたダイナマイトであり，桐系ダイナマイトは酸素供給剤として硝酸アンモニウムを使用し，威力を増大させるとともに価格を下げたものである．榎系ダイナマイトは酸素供給剤に硝酸アンモニウムと硝酸ナトリウムとを併用し，爆発生成ガス内の有毒成分を少なくした（後ガスを良好にした）爆薬である．

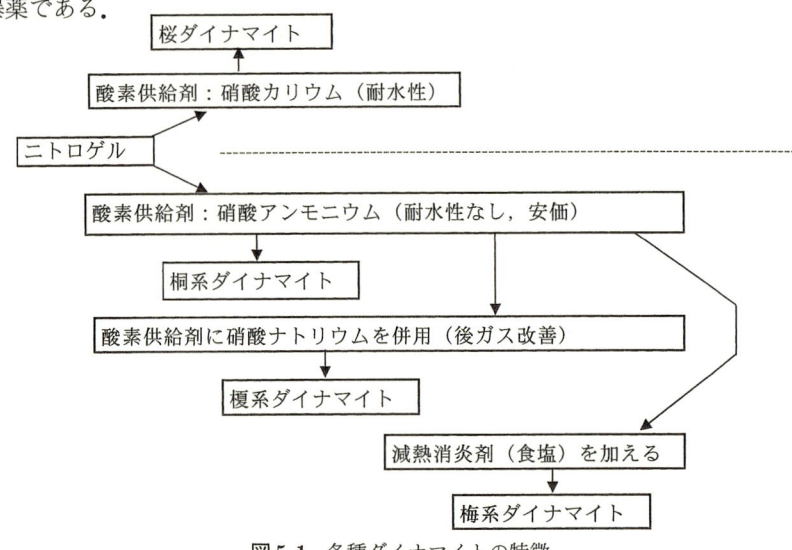

図 5.1　各種ダイナマイトの特徴

炭鉱のように爆発性粉じんやメタンガスが存在する現場で用いられる炭鉱用爆薬の組成を表 5.4 に，性能を表 5.5 に示す．炭鉱用爆薬は爆発温度を下げるために食塩などの減熱消炎剤が加えられており，13.5 節で説明する検定試験に合格したものである．

表 5.4　炭鉱用ダイナマイトの組成 [％]

配合成分 名称	ニトロゲル	硝酸アンモニウム	木粉・澱粉	減熱・消炎剤 (食塩)	その他
3号白梅 ダイナマイト	18〜22	48〜54	0〜4	18〜25	2〜6
硝安ダイナマイト	7〜9	62〜66	5〜9	20〜23	

表5.5 炭鉱用ダイナマイトの性能

品　　名	1号特梅ダイナマイト	3号白梅ダイナマイト
状　態	膠　質	膠　質
耐湿・耐水性	良	良
見掛け比重	1.35	1.40
過剰酸素量(g/100 g)	+2.1	+1.9
鉛ちゅう試験 [ml]	290～310	290～300
弾動振子 [mm]	66～70	65～68
爆速 [km/s]	5.5～6.0	5.5～6.0
落つい感度(級)		5
殉爆度(倍)	5～7	5～7
後ガス	優　良	優　良
安全度 [g]	400	400

5.5 ダイナマイトの製造

図5.2はダイナマイト製造のフローシートを示したものである．図に示すように，ニトログリセリンとニトログリコールとの混合液にニトロセルローズを入れ，慎重に混ぜ合わせ，そのまましばらくそっと放置して膠化させるとゲル状のニトロゲルができる．このニトロゲルと硝酸アンモニウムや硝酸カリウムなどの酸素供給剤，木粉・澱粉などの可燃物，さらに炭鉱用のダイナマイトを作る場合には減熱消炎剤とを所定の割合になるように混合し，全体が均一になるまで混ぜ合わせる．これを捏和（ねっか・kneading）という．捏和は機械を用いて行われ，その方法としては，容器と撹拌翼とで混ぜ合わせる方法とチューブを用いて連続的に捏和する方法とがある．

これでダイナマイトの製造は完了したので，ついで，成形と包装が行われる．膠質ダイナマイトの場合には成形機によって円柱状に成形された後，紙で包装される．粉状ダイナマイトの場合には先に紙筒が作られ，それに粉状ダイナマイトが流し込まれた後に包装される．このようにして作られたダイナマイトは箱詰めされるが，一箱内のダイナマイトの正味重量は20～25 kg，標準は22.5 kgである．図5.3はダイナマイトの外観と，出荷される箱詰めの状態を示し

28   5．ダイナマイト

```
        ニトログリセリン
        ニトログリコール         ニトロセルローズ
                    ↓      ↓
                    ┌─────────┐
                    │  膠  化  │
                    └─────────┘
                         ↓
                    ┌─────────┐
                    │ ニトロゲル │
                    └─────────┘
```

| 硝酸カリウム
硝酸ナトリウム
木粉・澱粉 | 硝酸アンモニウム
硝酸ナトリウム
木粉・澱粉
ニトロ化合物 | 硝酸アンモニウム
木粉・澱粉
ニトロ化合物
食塩（減熱・消炎） |

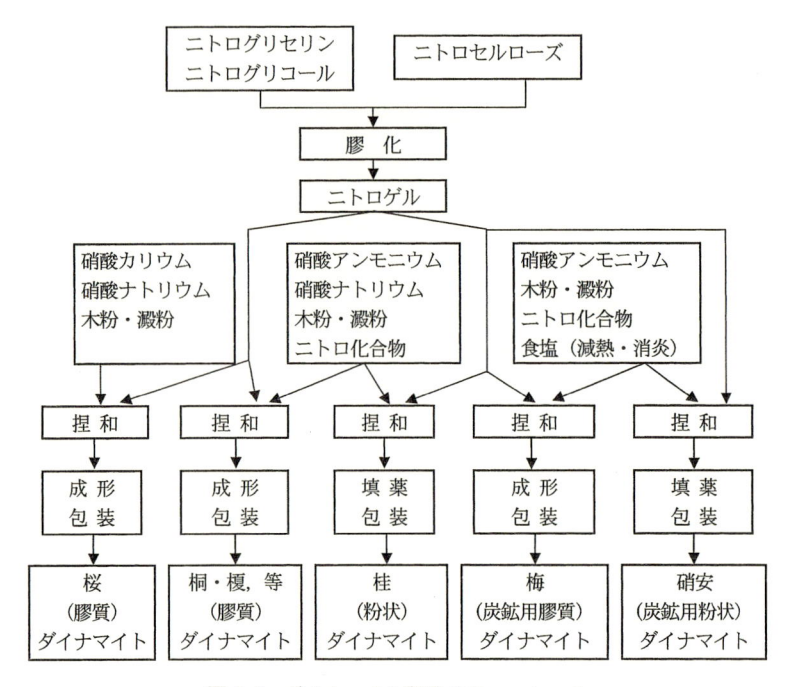

各系列：捏和 → 成形包装／填薬包装

| 桜
（膠質）
ダイナマイト | 桐・榎,等
（膠質）
ダイナマイト | 桂
（粉状）
ダイナマイト | 梅
（炭鉱用膠質）
ダイナマイト | 硝安
（炭鉱用粉状）
ダイナマイト |

図 5.2　ダイナマイト製造のフローシート

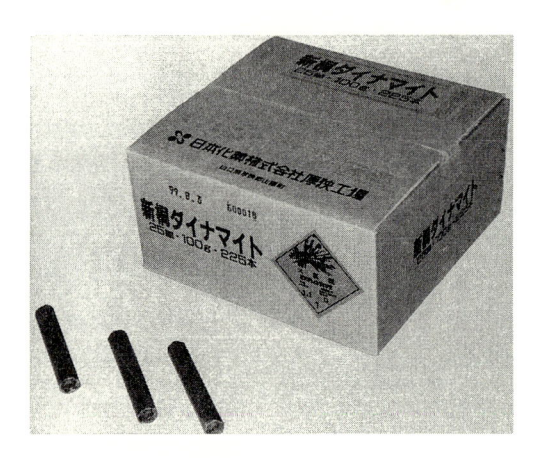

図 5.3　ダイナマイトの外観と出荷される箱詰めの状態
　　　　［日本化薬株式会社提供］

たものである．標準的な薬包サイズとダイナマイト1本の重さなどを表5.6に示す．現在わが国ではダイナマイトは旭化成（株），日本化薬（株），日本油脂（株）の3社で製造されている．

表5.6 ダイナマイトの標準的な薬包のサイズと1箱の本数

薬包の直径 [mm]	1本の重量 [g]	1箱内の本数	1箱の正味重量 [kg]
25	100	225	22.5
30	100	225	22.5
40	500	45	22.5
50	750	30	22.5

5.6 ダイナマイト使用上の注意と保安

5.6.1 ダイナマイトの凍結

　ニトロゲルの製造にニトログリセンとニトログリコールの混合物を用いる最大の利点は凍結温度を下げることであって，ニトログリコールを約40％混合したものの凍結温度は-30℃ぐらいになる．ニトログリセリンのみを用いた場合には，約8℃で凍結し，凍結したものは取扱いが非常に危険であり，さらに，凍結したものが再融解するとニトログリセリンが他の成分から離れてダイナマイトの表面に浮き出て，いわゆるニトロ浸出となり，事故の原因になることもある．現在市販されているダイナマイトはニトログリコールを混合して，わが国で使用する範囲の温度では凍結しないよう配慮されている．

5.6.2 ダイナマイトの自然分解および貯蔵安定性

　ニトログリセリン，ニトログリコールとニトロセルローズ以外のダイナマイトの成分，すなわち，硝酸アンモニウム，硝酸カリウム，硝酸ナトリウム，木粉，澱粉，食塩，ニトロ化合物はきわめて安定なものであって，長期間保存してもほとんど化学変化を生じない．しかし，ニトログリセリン，ニトログリコールとニトロセルローズはいわゆる硝酸エステルなので，相当安定性は大きいが長期間にわたって貯蔵される場合には多少の分解は免れがたい．とくに，貯蔵温度が高い場合とか，使用されたニトログリセリン，ニトログリコールやニ

トロセルローズが不純であったり，他の配合成分が不純であったり，異物が混入していたりするような場合には，分解速度が速くなる．

ダイナマイトの安定度の測定法，すなわち，安定度試験にはいろいろな方法があるが，わが国においては通常，耐熱試験と遊離酸試験が用いられている．いずれも法規で定められた装置器具を使用し，規定どおりの操作要領で試験を行い，規定された値以上の安全性を示すものでなければならない．

5.6.3 ダイナマイトの老化

膠質ダイナマイトのうちでも桜ダイナマイトは特に耐水性が良好であるが，半面，老化性が著しいという欠点がある．老化とは製造後日数がたつにつれてダイナマイトの爆発性能が低下することであって，威力を発揮できないのみならず不発残留を生じたりするので，老化している可能性のあるダイナマイトは使用せず処分することが好ましいが，老化したものを使用する場合には起爆を完全にするために，適当な伝爆薬を使用する方がよい．老化の原因としてはニトロゲル内に存在している小さな空気泡が貯蔵中に消失することと，ニトログリセリンによるニトロセルローズの膠化が進んでいわゆる遊離ニトログリセリンが減少することがあげられる．

5.6.4 ダイナマイトの吸湿固化または吸湿軟化

桜ダイナマイトには吸湿性はないが，硝安系ダイナマイトは貯蔵中に吸湿固化して爆発性能が低下しやすい．吸湿固化したダイナマイトは不発残留を生じやすく危険であるから，もみほぐすなどの処置をしたうえで適当な伝爆薬を使用して起爆する方がよい．固化の原因は吸湿した硝安粒子が相互にくっつき合うためといわれている．固化を防ぐために爆薬に用いる硝安には特殊な処理が施されている．しかし，それでも多少の固化は免れがたい．

ダイナマイトの種類によっては吸湿によって固化よりはむしろ軟化を起こしやすいものがある．一般に組成中に食塩や硝酸カリウムを含むものは固化しやすく，硝酸ナトリウムを含むものは軟化しやすい．

5.6.5 ニトロ浸出

膠質ダイナマイトの場合，ニトログリセリンだけがダイナマイトの表面に浮き出して，いわゆる「汗をかいた」状態になることがある．これがニトロ浸出であり，とくに高温，多湿時に多い．このように遊離したニトログリセリンははなはだ鋭感なので取り扱いには注意を要する．

5.6.6 人体への影響

ニトログリコールは皮膚を通して，また呼吸によって人体の循環系統に容易に吸収され，初期症状としては，頭痛，吐き気，めまいを起こす．ニトログリセリンもニトログリコールほどではないが，同じような影響を人体に及ぼす．しかし，ごく少量であれば血管を広げる作用があるので，狭心症のための医薬品として用いられる．

このように，ニトログリコールとニトログリセリンは人体に対して毒性があるので，ダイナマイトの包装をはがして手で触わったり，ニトログリコールのガスを吸ったりすることは避けねばならない．

5.7 爆発生成ガス（後ガス）内の有毒成分

ダイナマイトはその成分から明らかなように，爆発生成ガスは理論的にはCO_2, H_2O, N_2, O_2になるように配合されている．しかし，実際に生成する爆発生成ガスの中には，これらの他に，CO, NO_2などの有毒ガスが存在する．

表5.7は一定容積の実験坑道内におかれたコンクリートブロック内に爆薬を装填して爆発させた場合に発生した有毒ガス量の測定結果を示したものである．

実際の発破作業の場合に発生する有毒ガスの量は使用する薬種によって変化するのみならず，同じ爆薬を使用していても装薬条件によって変化する．

表5.7 爆発生成ガス内の有毒ガス量の一例

品　　名	CO [l/kg]	NO+NO_2 [l/kg]
新桐ダイナマイト	6.4	15.1
3号桐ダイナマイト	5.6	6.1
榎ダイナマイト	3.7	4.0
カーリット	8.6	17.0

5.8 ダイナマイトの加圧下における爆轟性

普通のダイナマイトは加圧されると爆轟性能が低下し，強く加圧されると爆発しなくなる．図5.4は加圧されている爆薬を起爆した場合の爆速変化を示したものである．図5.4より，普通のダイナマイトは加圧されると急速に爆速が低下することがわかる．次に加圧圧力とヘス猛度との関係を示したのが図5.5である．これらの図より水圧が作用する所で普通のダイナマイトを使用すると不発になる可能性があることがわかる．なお，桜ダイナマイトや新桐ダイナマイトのような普通のダイナマイトは水ではなく空気で加圧しても，その圧力が

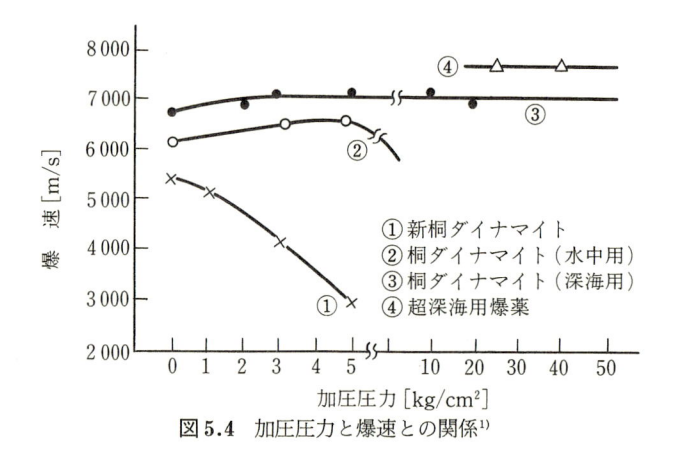

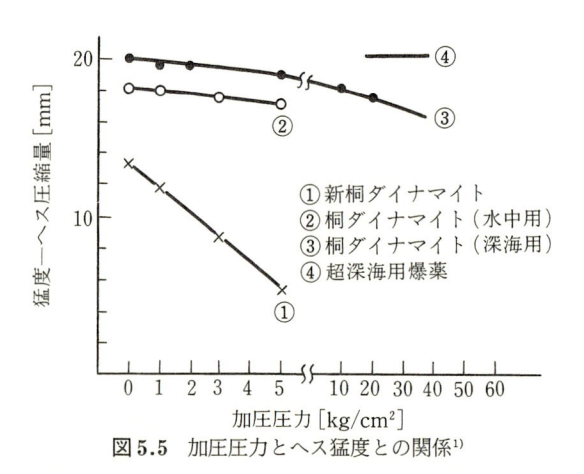

図5.4 加圧圧力と爆速との関係[1]

① 新桐ダイナマイト
② 桐ダイナマイト（水中用）
③ 桐ダイナマイト（深海用）
④ 超深海用爆薬

図5.5 加圧圧力とヘス猛度との関係[1]

5気圧程度になると爆速が 2000 m/s 程度まで低下してしまう．図 5.4 および図 5.5 に示してあるように，水圧が作用する現場でも使用し得るダイナマイトが開発されているので，そのような現場で爆薬を使用する場合には火薬メーカーと相談し，特別に注文せねばならない．さらに，本州四国連絡橋の海底基礎岩盤掘削のために海底発破用のダイナマイトも開発されており水中（海底）発破に有効に利用されている．

[例題 5.1] 耐水性がある桜ダイナマイトは水深 50 m の海底や 50 m 以上の水がたまっているボーリング孔内で使用できるか．
[解] 桜ダイナマイトは耐水性があるが，この条件では 5 気圧に加圧されるので沈めてから 30 分もたてば爆轟しなくなる．

演習問題
5.1 ダイナマイトは自然分解するか．
5.2 ダイナマイトには毒性があるか．
5.3 トンネルなどの空気の流通が悪い場所で使うダイナマイトはどのような種類のダイナマイトか．
5.4 炭鉱のように，爆発性ガス（メタンガス）が存在している場所で使用できるダイナマイトは何ダイナマイトか．
5.5 減熱消炎剤としてよく利用される物は何か．

引用・参考文献
1） 工業火薬協会編，「新・発破ハンドブック」，山海堂，平成元年 5 月．

6. 硝 安 爆 薬
（炭鉱用硝安爆薬，アンモン爆薬，アンモニウム爆薬）

　硝安爆薬は6％以下のニトロゲルまたは10％以下のニトロ化合物を鋭感剤とし，硝酸アンモニウムを酸素供給剤，木粉，澱粉，アルミニウム粉を可燃物とする混合爆薬である．

　食塩等の減熱消炎剤を含んだ爆薬は炭鉱用硝安爆薬と呼ばれており，検定試験に合格した検定爆薬である．

　一方，減熱消炎剤を含まない爆薬をアンモン爆薬，または，アンモニウム爆薬と呼び，主として露天採掘に用いられている．

　表6.1および表6.2は，炭鉱用硝安爆薬およびアンモン爆薬の組成例を示したものである．

表6.1　炭鉱用硝安爆薬の組成例 [％]

成分 薬種	ニトロゲル	ニトロ化合物	硝酸アンモニウム	木粉澱粉	減熱・消炎剤(食塩)	その他
薬種A	6.0	2.0	70.75	5.25	9.0	7.0
薬種B		5.0	77.15	5.5	12.0	0.35

表6.2　アンモン爆薬の組成例 [％]

成分 薬種	ニトロ化合物	硝酸アンモニウム	木粉	アルミニウム粉	その他
薬種A	6〜8	85〜87	0.5〜2.5	4〜6	1〜3

[例題6.1]　硝安爆薬の中にはニトロゲルを鋭感剤として用いているものがあるが，なぜ，ダイナマイトと区別されているのか．

[解]　5.1節に示したように，ダイナマイトという名称はニトログリセリンを基剤と

する爆薬の総称として用いられている．しかし，硝安爆薬に含まれているニトロゲルの含有量は6％以下なので，この量ではこの爆薬の基剤とみなすことができない．したがって，ダイナマイトと区別されている．

(**参考**) 表5.1に示されている「あかつき爆薬」・「ぼたん爆薬」もダイナマイトという名前は付いていない．

7. 硝安油剤爆薬
(ANFO爆薬, アンホ爆薬, 硝油爆薬)

7.1 概　要

　硝安油剤爆薬は現在もっとも多用されている産業用爆薬であり，1999年の統計ではわが国で消費された産業用爆薬のほぼ75％を占めている．この爆薬は硝油爆薬と略称され，ANFO爆薬，アンホ爆薬とも呼ばれている．ANFOはAmmonium Nitrate Fuel Oil Agentsの略称である．この爆薬は見掛け比重0.9程度の粒状プリル硝安94.5％と軽油（必要酸素量約2400 l/kg）5.5％との単なる混合物である．色は硝安の色（白色）であるが，商品の場合には着色材を用いてピンク色に着色してあるものもある．硝安油剤爆薬の性質は主として硝安の性質によって支配されるが，一般に見掛け比重は0.8〜0.9であり，爆速は薬径，密閉状態，起爆方法などによって変化するが，3000〜3500 m/s程度である．火薬力は8900 $l\cdot$kg/cm^{2}程度である．硝安はダイナマイトの材料としてすでに説明したように，吸湿性があるため保存中の防湿には十分注意する必要がある．硝安の吸湿が進めば不発となる場合もあるから製造後できるだけ早く使用せねばならない．図7.1は軽油の添加率を変化させて硝安と軽油との混合物を作り，それを口径が3インチの鉄管に詰めて起爆し，爆速を測定した結果を示したものであり，図7.2は硝安油剤爆薬の含水率と爆速との関係を示したものである．

　硝安油剤爆薬はかなり鈍感なので，ダイナマイトや含水爆薬のように雷管1本では起爆することができない．したがって，硝安油剤爆薬を起爆するためには雷管を挿入した少量のダイナマイト，含水爆薬，カーリットなどの雷管1本で起爆し得る爆薬を硝安油剤爆薬内に置き（これを伝爆薬または親ダイと呼ぶ），まず雷管を用いてこの伝爆薬（親ダイ）を起爆し，その爆轟衝撃によっ

7.1 概　　要　37

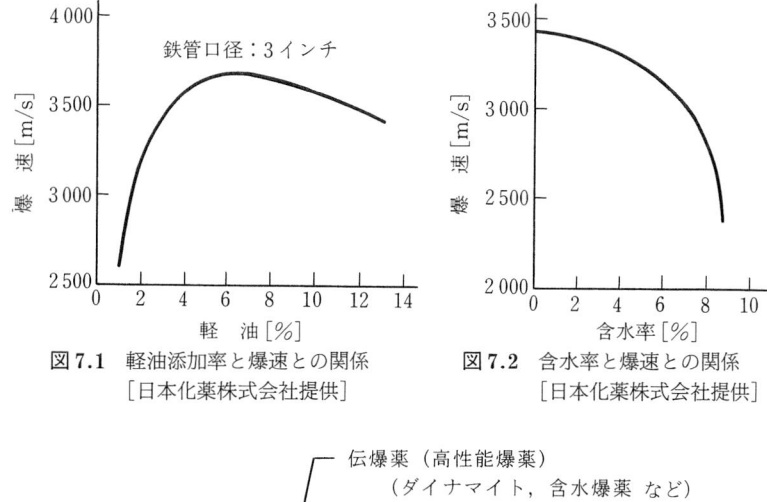

図 7.1　軽油添加率と爆速との関係
［日本化薬株式会社提供］

図 7.2　含水率と爆速との関係
［日本化薬株式会社提供］

図 7.3　硝安油剤爆薬の起爆方法

て硝安油剤爆薬を起爆するという方法を用いなければならない．図 7.3 はその方法を図示したものである．

　上記のように，硝安油剤爆薬は硝安と軽油との単なる混合物であるから，耐水性は全くない．しかし安価であり，しかも取扱いが安全なので，水のない軟岩や中硬岩の発破に広く有効に使用されている．

［例題 7.1］　肥料用の硝安と硝安油剤爆薬に用いられる硝安との違いを述べよ．
［解］　肥料用硝安も硝安油剤爆薬用の硝安も共に粒状であるが，肥料用硝安の粒の見掛け比重は 1.0 以上で（硝安の真比重は 1.73），いわゆる高比重粒状硝安である．しかし，硝安油剤爆薬に用いられる硝安はプリル硝安と呼ばれている低比重硝安であり，粒の見掛け比重は 1.0 以下で，粒の表面は凸凹しており，粒の内部にも微細な空隙が多数存在している多孔性低比重粒状硝安である．

7.2 歴史とわが国における定義

1947年に米国テキサス州の港に停泊中のフランスの貨物船に積まれていた肥料用硝安3200トンが出火,消火できずに爆発し,576名の死者を出すという大事故を起こしたことから,硝安の爆発性に対して感心が高まり,1955年に,米国のインディアナ州の採石場で,アクレ(Akre)とリー(Lee)が硝安に粉炭などを混ぜたものを発破に使用し,アクレマイトと名付けた.これは,米国,カナダの採石場で普及した.その後,1957年には粉炭のかわりに軽油が用いられるようになり,硝安も多孔質で低比重の粒状硝安(プリル硝安)が用いられるようになって現在に至っている.

硝安油剤爆薬はわが国では,経済産業省の規則により次のように定義されている.

硝安と油剤とを主成分とし,定められた起爆感度試験において6号雷管1本のみでは起爆されない爆薬であって,その原材料は次の通りとする.

硝酸アンモニウム:JIS K 1424,硝安分99.5%以上.

油剤:引火点50℃以上の油類.

その他の成分:火薬,爆薬,または鋭感剤となる金属粉などを含まないこと.

起爆感度試験:次の(A)または(B)のいずれかに合格するもの

(A)塩ビ雨どい法

(B)カートン法

このように,わが国では硝安油剤爆薬は硝安と油剤の混合物で雷管1本では起爆しない爆薬と定義されている.なお,塩ビ雨どい法およびカートン法に関しては,「13.3.4 爆轟起爆試験」で説明してあるので参考にして頂きたい.

7.3 硝安油剤爆薬の製造と包装

硝安油剤爆薬の製造は硝安をふるい分けたのち軽油と共に混和機に入れ,混ぜ合わせるだけでよい.包装は図7.4に示すように,25kg詰めの重袋包装と,耐油性の合成樹脂フィルムを用いて薬包状にした包装(ピース包装)とがある.

アメリカ合衆国やカナダなどでは,1960年代から,発破現場で硝安と軽油とを混合してその場で硝安油剤爆薬を製造するという現場混合が許可されており,硝安と軽油,混和機,装填機を積み込んだ自動車があり,発破現場の装薬

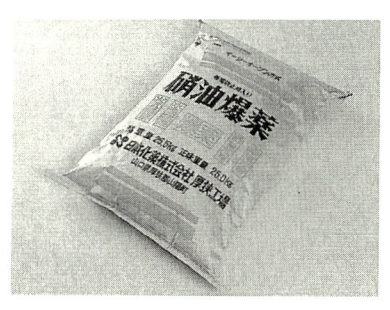

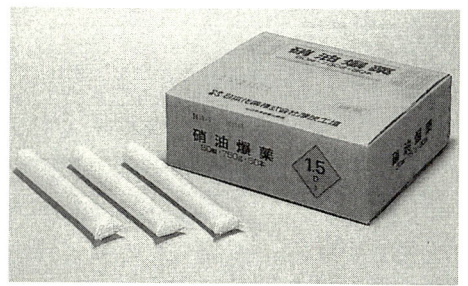

図7.4 硝安油剤爆薬の重袋とピース包装
［日本化薬株式会社提供］

孔の近くで硝安と軽油とを混ぜて硝安油剤爆薬を造り，装填機を用いてすぐに装薬孔内に装填するという作業が行われている．わが国ではこのような現場混合は認められていなかったが，近年の規制緩和の流れに沿って火薬類取締法が改正され，1998年度より移動式製造設備による硝安油剤爆薬の製造が認められるようになった．

7.4 硝安油剤爆薬の起爆

7.1節の概要にも示したように，硝安油剤爆薬を起爆するためには，伝爆薬が必要である．伝爆薬の量は孔径が75 mm以上の装薬孔の場合には装填した硝安油剤爆薬量の1～2％以上が必要であり，それ以下の孔径の孔の場合には

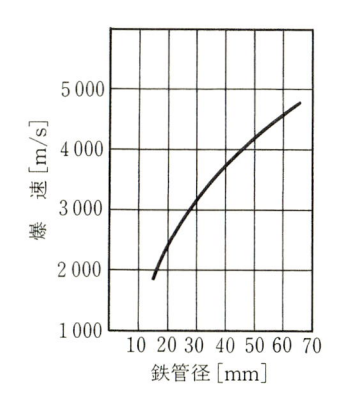

図7.5 硝安油剤爆薬を装填した鉄管の径と爆速との関係[1]

5％程度が必要であるが，あまり小孔径の装薬孔の場合には所期の爆速で爆轟しなくなるので，このような条件の場合には硝安油剤爆薬を使用しない方が好ましい．図7.5は硝安油剤爆薬を装填した鉄管の径と爆速との関係を示した図である．

7.5 硝安油剤爆薬の高感度化と高性能化

7.2節で示した定義によると，わが国では硝安油剤爆薬としては認められないが，硝安油剤爆薬の軽油の量を少なくし，そのかわりにアルミニウム粉を混入することによって雷管1本で起爆し得る爆薬になる．たとえば，硝安83％，軽油2％，アルミニウム粉15％の爆薬は爆速が4200 m/s程度まで上昇し，雷管1本で起爆し得るようになる．また，硝安油剤爆薬の硝安の粒を圧縮空気などを用いて20メッシュよりも細かく粉砕すると，起爆感度が著しく上昇する．したがって，7.6節で説明するように，圧縮空気を用いて硝安油剤爆薬を装填する装填機を用いて装填された硝安油剤爆薬は起爆感度が高くなっていることがある．

7.6 硝安油剤爆薬の装填と静電気

薬包となっている硝安油剤爆薬は，ダイナマイトなどの他の爆薬と同様に，薬包を装薬孔の中に装填すればよい．重袋に入っている硝安油剤爆薬の場合には，乾燥した垂直孔の場合には孔口から必要量を流し込むことによっても装填できるが，装填機を用いて装填した方が装填密度が高くなり，かつ，硝安の粒が破砕されて細かくなるので，感度が上昇すると共に威力も増大する．図7.6は装填密度と爆速との関係を示した図である．装填機としては，坑外で多量の硝安油剤爆薬を装填する場合には，圧力型の装填機が使用され，坑内とか比較的少量の硝安油剤爆薬を装填する場合には，軽量で持ち運びが簡単なエジェクター方式の装填機が好まれる．いずれの装填機も圧縮空気によって硝安油剤爆薬をホースを用いて流送し，装填する．ホースの外径は装薬孔径の2/3程度が好ましいといわれている．

硝安油剤爆薬は乾燥した粒体なので，粒子同士または粒子とパイプの内壁との摩擦によって静電気が発生する．したがって，装填機のホースには導電性の

7.6 硝安油剤爆薬の装填と静電気　41

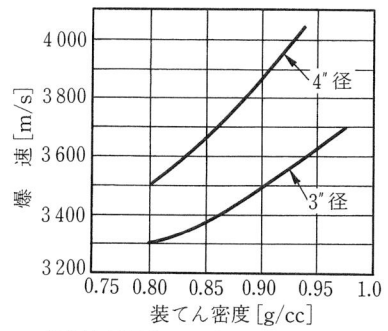

図7.6 硝安油剤爆薬の装填密度と爆速との関係[1]

ホースが用いられている．静電気が発生した場合には，電荷は硝安の粒子から雷管の管体に移り，管体と雷管内の点火玉との間で放電を起こし，雷管が爆発する可能性がある．このような事故が発生しないようにするためには次のような事項について注意する必要がある．

1) 装填ホースには導電性のある硝安油剤爆薬装填用の専用ホースを使用する．
2) 装填機の圧縮空気の圧力ができるだけ低いものを使用する．
3) 装填機は必ずアースする．
4) 電気雷管を挿入した伝爆薬を孔底に置く孔底起爆（逆起爆ともいう）や装薬の中間に置く中管起爆を避け，伝爆薬を口元に置く口元起爆（正起爆ともいう）にする．
5) 普通の電気雷管は使用せず，耐静電気雷管を使用する．
6) 硝安油剤爆薬を装填してからしばらく時間をおき，静電気が消失してから雷管付き伝爆薬を挿入する．
7) 静電気は衣服にも帯電しているので，電気雷管を扱う前に作業者は自分の衣服に帯電している静電気を接地して逃がしてやる．

なお，装填に使用する圧縮空気の圧力を上げ，装填によって硝安油剤爆薬の硝安粒子を細かくし，感度および性能を向上させようとする場合や，逆起爆をしたい場合には，電気雷管を使用せずに静電気に注意を払う必要がない非電気点火システム（12.6節参照）を使用する起爆方式が有効な方法である．

7.7 後ガス

表7.1は後ガスの発生量の一例を示したものである．この表に示すように，爆発生成ガス（後ガス）内の有毒ガス（CO, NO, NO_2）量はダイナマイトよりも多い．したがって，坑内で使用する場合には換気を十分行う必要がある．

このように硝安油剤爆薬はいかなる場所でも使用できるものではなく，使用場所の環境条件などによって使用不可能となる場合もあるので注意を要する．

表7.1 ダイナマイトと硝安油剤爆薬の後ガスの一例

	CO [l/kg]	NO_2 [l/kg]
硝安油剤爆薬	6.80	16.51
3号桐ダイナマイト	8.99	8.49

7.8 硝安油剤爆薬の長所と欠点

以上に示した硝安油剤爆薬の長所と欠点を一まとめにすると，次のようになる．

長　所

1) 安価である．
2) 感度が鈍く，安全である．
3) 爆轟中断などで装薬孔内に残留した硝安油剤爆薬は，水を流し込むことによって処理できる．
4) 重袋包装が許されているので密装填ができる．
5) 装填機の使用が可能なので作業能率が向上する．

欠　点

1) 水孔には使用できない．
2) 爆発威力が劣る．
3) 吸湿しやすく，固化する．さらに吸湿すると潮解する．
4) 乾燥した粒状なので，装填するときに静電気が発生しやすい．
5) 爆発生成ガス中の有毒成分が多い（後ガスが悪い）．
6) 起爆するのに伝爆薬（親ダイ）を必要とする．

7) 装薬孔径が 25 mm 程度になると爆速が急激に減少するので，小口径の孔には適さない．

演習問題
7.1 硝安油剤爆薬は雷管1本で起爆できるか．
7.2 硝安油剤爆薬に耐水性はあるか．
7.3 硝安油剤爆薬を流し込み装填する場合や装填機を用いて装填する場合には静電気に注意しなければならないのはなぜか．

引用・参考文献
1）（社）日本鉱業会，秋季大会資料（昭和45年）．

8. 含 水 爆 薬

8.1 概　要

　多くの火薬類は水によって性能が低下し，場合によっては爆発しなくなるが，この爆薬は爆薬の成分として水を含んでいるという珍しい爆薬である．

　含水爆薬というのは，組成中に 10〜20％の水を含んでいる爆薬の総称である．

　含水爆薬は，図 8.1 に示すように，スラリー爆薬とエマルション爆薬とに分けることができる．近年の含水爆薬は次に示すような多くの優れた性能を有しているので，現在，硝安油剤爆薬についで多用されている産業用爆薬であり，1999 年の統計によれば，この年に消費された産業用爆薬の中で含水爆薬が占める比率は約 18％となっており，今後この消費量は増加するものと思われる．

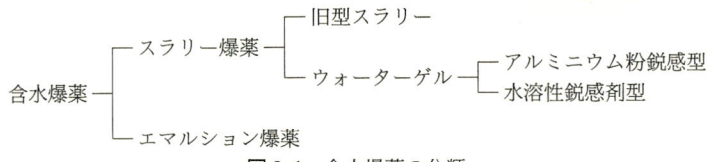

```
                        ┌─ 旧型スラリー
           ┌─ スラリー爆薬 ─┤              ┌─ アルミニウム粉鋭感型
含水爆薬 ─┤              └─ ウォーターゲル ─┤
           └─ エマルション爆薬              └─ 水溶性鋭感剤型
```

図 8.1　含水爆薬の分類

　以下に一般的な含水爆薬の特徴を列記する．

a）衝撃，摩擦および火炎などに対する安全性が従来の火薬類に比べて格段に高い．自燃性はなく，点火源を取り除くと燃焼しなくなる．

b）15 mm 程度の直径の薬包でも雷管 1 本で起爆でき，爆轟中断を起こさない．

c）爆発生成ガス中の有毒成分（CO および NO_x）が従来の爆薬に比べて著しく少ない．

d）耐水性が非常に優れており，水中に装填後24時間経過しても性能は変化しない．また，水圧のかかる海水中で使用可能なものもある．
e）ニトログリセリンなどの毒性のあるものを含有していないので，製造，貯蔵，運搬中に有毒ガスが発生しない．
f）装填機による機械装填ができる．
g）爆発威力はダイナマイトより若干低い．

　含水爆薬は一般には，図8.2に示すようにプラスチックまたは紙で包装して薬包として出荷される．現在市販されている含水爆薬の一般的な性能を一まとめにして表8.1に示す．現在わが国では，含水爆薬は旭化成（株），日本油脂（株），日本化薬（株），日本カーリット（株），日本工機（株），中国化薬（株），北洋化薬（株）などのほとんどの火薬メーカーで製造・販売されており，サンベックス，チタマイト，アルテックス，アイレマイト，ハママイト，

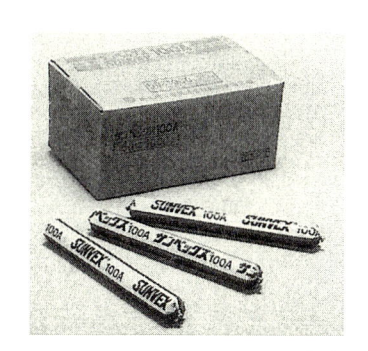

(a) スラリー系含水爆薬

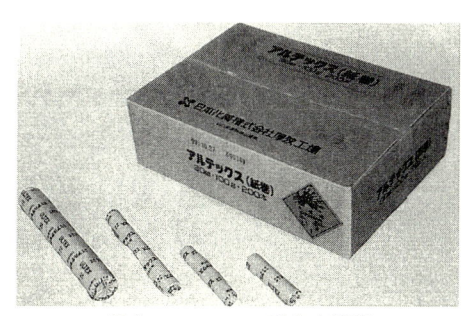

(b) エマルション系含水爆薬

図8.2　含水爆薬の外観
　　　［(a) 旭化成株式会社提供，
　　　　(b) 日本化薬株式会社提供］

8. 含水爆薬

表 8.1 含水爆薬の性能

	スラリー爆薬	エマルション爆薬
見掛け比重	1.08～1.30	1.05～1.23
爆速 [m/s]	4500～6000	5000～6000
弾道振子 [mm]	70～80	68～74
殉爆度	2～5	2～4
耐水性	優秀	優秀

エナマイト，スーパーエナーゲルなどの商品名であるが，ダイナマイトと同様に使用目的に合わせた多くの種類の含水爆薬が製造，販売されている．

なお，検定試験に合格した炭鉱用の含水爆薬もあり，サンベックス300，カヤマイトS-105などの商品名で販売されている．

8.2 スラリー爆薬

スラリー爆薬は含水爆薬の一種であって，ダイナマイト発明以来の画期的な爆薬である．

この爆薬は，現在もっとも多用されている産業用爆薬である硝安油剤爆薬の欠点である，1) 爆力が弱い，2) 耐水性がない，3) 後ガスが悪い，の3点を解決するために開発された．

最初にこの種の爆薬の実用化に成功したのは1957年で，クック（M.A. Cook）とファーナム（H.E. Farnam）との共同研究によってカナダの鉄鉱山で実用化された．

当初のスラリー爆薬（図8.1では，旧型スラリーと記している）は，化合爆薬であるTNTを鋭感剤としたTNT系スラリー爆薬で，その組成および性能は表8.2に示すとおりである．その後，クックとファーナムはスラリー爆薬の改良を行い，1958年には鋭感剤としてアルミニウム粉を使用したアルミニウム系スラリー爆薬の開発に成功し特許を申請した．開発当初のアルミニウム系スラリー爆薬の組成および性能を表8.3に示す．

クックは1958年にユタ州のソルトレイクにIRECO Chemicalsという会社を創設し，スラリー爆薬の製造研究を本格的に開始した．

これに刺激されて従来の火薬メーカーもスラリー爆薬の研究を行い，1969

表 8.2 TNT系スラリー爆薬の組成と性能

組成	硝　安	45〜60 [%]
	TNT	25〜35 [%]
	水	10〜20 [%]
	粘稠剤(グアガム)	0.5〜1 [%]
性能	見掛け比重	1.5
	爆速 [m/s]	5000〜5500

表 8.3 アルミニウム系スラリー爆薬の組成と性能

組成	硝　安	60〜70 [%]
	アルミニウム粉	7〜10 [%]
	水	20〜25 [%]
	粘稠剤	3〜5 [%]
性能	見掛け比重	1.2〜1.5
	爆速 [m/s]	4500〜5200

年に Du Pont 社がモノメチルアミンナイトレート（MMAN）を鋭感剤とするスラリー爆薬（図 8.1 では，水溶性鋭感剤型として分類している）の開発に成功し，1971 年には CIL と Hercules 社との共同研究で，エチレングリコールモノナイトレート（EGMN）を鋭感剤とするスラリー爆薬（図 8.1 では，水溶性鋭感剤型として分類している）の開発に成功した．表 8.4 および表 8.5 はこれらの水溶性鋭感剤型のスラリー爆薬の組成，および性能を示したものである．

スラリー爆薬は上記のように酸化剤と可燃物，鋭感剤を液状媒質中に分散さ

表 8.4 モノメチルアミンナイトレート（MMAN）を鋭感剤としたスラリー爆薬の組成と性能

組成	MMAN	10 [%]
	硝　安	41 [%]
	水	20 [%]
	硝酸ソーダ	15 [%]
	アルミニウム粉	4 [%]
	石炭粉	4 [%]
	粘稠剤等	6 [%]
性能	見掛け比重	1〜1.3
	爆速 [m/s]	5000〜5500

表8.5 エチレングリコールモノナイトレート（EGMN）を鋭感剤としたスラリー爆薬の組成と性能

組成	EGMN	10 [%]
	硝安	36 [%]
	水	17 [%]
	硝酸カリウム	17 [%]
	エチレングリコール	5 [%]
	アルミニウム粉	10 [%]
	粘稠剤等	5 [%]
性能	見掛け比重	1.1〜1.23
	爆速 [m/s]	5000〜5300

せ，その状態を粘稠剤によって維持させた爆薬であって，初期の製品は雷管1本では起爆することができず，硝安油剤爆薬と同じように伝爆薬を必要とした．しかし，取り扱いが安全で耐水性にも優れていることから，大孔径発破用として使用されていた．

その後，小孔径でも雷管1本で起爆し得るスラリー爆薬の研究が進み，1970年頃に米国のDu Pont社，IRECO Chemical社，Hercules社などが相ついで開発に成功した．

TNT系スラリー爆薬の爆轟機構はTNTスラリーが伝爆薬の爆轟による衝撃を受けると，TNTが爆轟して爆轟を伝播させるとともに，粗砕TNT内に含まれている微細な気泡が断熱圧縮によって高温となり爆轟を強化していると考えられる．このことは微粒TNTを用いたスラリー爆薬よりも粗砕TNTを用いたスラリー爆薬の方が鋭感なことから理解することができた．

一方，アルミニウム系スラリー爆薬の場合には，スラリー爆薬内に存在している微細な気泡の断熱圧縮による発熱や気泡を介しての爆薬成分の衝突による発熱などによって爆轟すると考えられるから，微細な気泡（10^{-2}〜10^{-4} mm）ができるだけ多量に存在し，かつ，アルミニウムの表面に接触している必要がある．このように，化合火薬類を含まないスラリー爆薬の場合にはできるだけ多くの気泡を爆薬内に入れ，それが貯蔵や運搬中に消失しないようにせねばならない．このために粘稠剤の研究，および，粘稠剤の粘稠化を促進し気泡を固定させる架橋剤の研究が行われ，雷管1本で起爆でき，15 mm程度の小薬径

でも完爆するスラリー爆薬が製造されるようになった．

わが国においては，昭和40年頃より起爆に伝爆薬を必要とするTNT系スラリー爆薬が試験的に製造され，主として坑外の大孔径装薬孔を用いた発破に若干使用されていた．しかし，欧米の火薬需要の趨勢から考えて小薬径でも雷管1本で起爆できるスラリー爆薬（cap sensitiveスラリー）を開発する必要を感じ，昭和49年に日本油脂，日本化薬，日本カーリット，中国化薬，北洋化薬の各社がIRECO Chemicals，旭化成はDu Pont，日本工機はHerculesの技術を導入し，本格的な生産に入った．

現在，わが国で製造されているスラリー爆薬の性能は各社の製品ともほぼ同じであり，すでに，表8.1に示したとおりである．

8.3 エマルション爆薬

エマルションとは，水と油のように普通は混じらないものを，ある処理を施すことによって一方を非常に小さい粒にし，それを他方の液体中に分散させている系のことである．エマルション爆薬は1961年にイグリー（R.S. Egly）ら（Commercial Solvents社）が油中水滴型のエマルション爆薬をスラリー爆薬に配合したのが最初である．続いて，1967年にはブルーム（H.F. Bluhm）ら（Atlas社）が，その後，Dynamit Novel社，Du Pont社，ICI America社なども開発に成功したが，雷管1本で起爆し得るものは化合火薬類や有機鋭感剤を含むものであった．1977年にウェイド（C.G. Wade）ら（Atlas社）が化合火薬類や有機鋭感剤を配合せずに6号雷管1本で起爆させ得るエマルション爆薬を開発した．この基本組成は従来のものと変わらないが，水の含有量を少なくしたことから雷管起爆性となっている．小孔径でも雷管1本で起爆する紙筒包装のエマルション爆薬を初めて商品化したのはAtlas社であるが，その後世界で数社が商品化している．わが国でもエマルション爆薬に関する研究が盛んに行われており，紙筒包装品およびチューブ包装品が市販されている．

スラリー爆薬もエマルション爆薬も組成はともに硝酸アンモニウムを主とする酸化剤と可燃剤からなり，10～20％（容積％）の気泡を含有しており，基本的に大きな差はない．しかし，スラリー爆薬は硝安等の酸素供給剤の水溶液が連続相となり，非水溶性の可燃剤や鋭感剤が分散している系であるが，エマ

ルション爆薬は硝安等の酸素供給剤の水溶液が非水溶性の可燃剤によって包まれたエマルションの形態となっている．

エマルション爆薬は乳化剤や撹拌条件によって，分散相の粒子をサブミクロン程度の多きさの微細なものにすることができる．エマルションの粒径は約1ミクロン，連続相（油層）の厚みは約400〜500 Å である．そのため，酸化剤と可燃剤との接触面積を大きくすることができ，反応性が良好となっている．図8.3および図8.4は，エマルション爆薬を走査型電子顕微鏡で撮影した写真である．図8.3の500倍の写真に写っている大きな粒が気泡として混入したグ

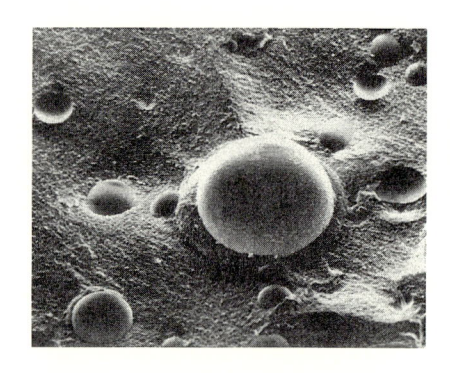

図8.3 エマルション爆薬の走査型
電子顕微鏡写真1（500倍）
［日本油脂株式会社提供］

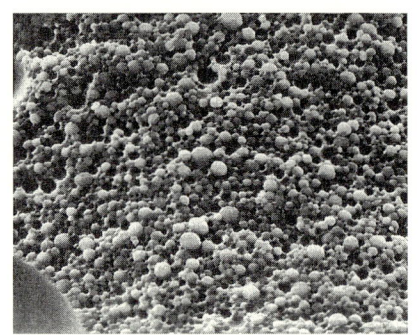

図8.4 エマルション爆薬の走査型
電子顕微鏡写真2（5000倍）
［日本油脂株式会社提供］

表8.6 エマルション爆薬の組成

成　　分		重量［％］
水		5〜20
酸化剤(水溶性)	硝安，硝酸ナトリウム，硝酸カルシウム，過塩素酸ナトリウム等	50〜80
油	燃料油，ワックス類	1〜10
乳化剤	ソルビタン，モノオレエート，グリセロール，モノステアレート等	1〜5
気泡剤	ガラスまたはプラスチックマイクロバルーン	容量［％］ 10〜40
鋭感剤	必要に応じて添加	
安定剤	必要に応じて添加	

ラスマイクロバルーンである．図 8.4 の 5000 倍の写真の左下にその一部が少し出ている球がマイクロバルーンであり，全体の小さい粒がエマルションである．表 8.6 はエマルション爆薬の組成を示したものである．

わが国で生産されているエマルション爆薬の一般的な性能は，すでに，表 8.1 に示した．

8.4 含水爆薬の爆轟機構

爆轟波面が高温になり反応を継続させるためにはホットスポットの存在が重要である．ホットスポットとしては，液体中では気泡の急激な断熱圧縮によって発生する高温のスポットがあり，固体中では粒子内部の空間の急激な断熱圧縮によるものがある．さらに，固体粒子相互の急激な衝突による摩擦熱や粘性流体それ自身が急激に流れる時の粘性加熱も考えられる．したがって，爆薬内にホットスポットが発生し，その点が十分高温になれば，その周辺の燃料粒子と酸化剤物質とが激しく反応して爆轟が進展する．したがって，含水爆薬はホットスポットの数が多く，それらが均等にばらまかれているほど完全に爆轟する．

このように，含水爆薬の爆轟にはホットスポットの存在が必要なので，大きさが 100 ミクロン程度の気泡を爆薬内に固定したり，ガラスやプラスチックで作られた中空のマイクロバルーンを爆薬内に混入するという方法によりホットスポットとなり得る微細なガスを爆薬内に混入している．

8.5 含水爆薬の製造

図 8.5 は含水爆薬の製造工程を示した図である．図に示すように，スラリー爆薬の場合には，鋭感剤と安定剤とを添加した酸化剤の水溶液に気泡剤と可燃剤などを加えて混合することによって製造され，図 8.2 に示したようにプラスチックチューブまたは紙筒に詰めて市販される．一方，エマルション爆薬の場合には，可燃剤と乳化剤の溶液と酸化剤の水溶液とを攪拌して乳化させたエマルションに，ガラスやプラスチックの中空球体（マイクロバルーン）を入れ捏和することにより作られ，図 8.2 に示したようにプラスチックチューブまたは紙で包装されて市販される．

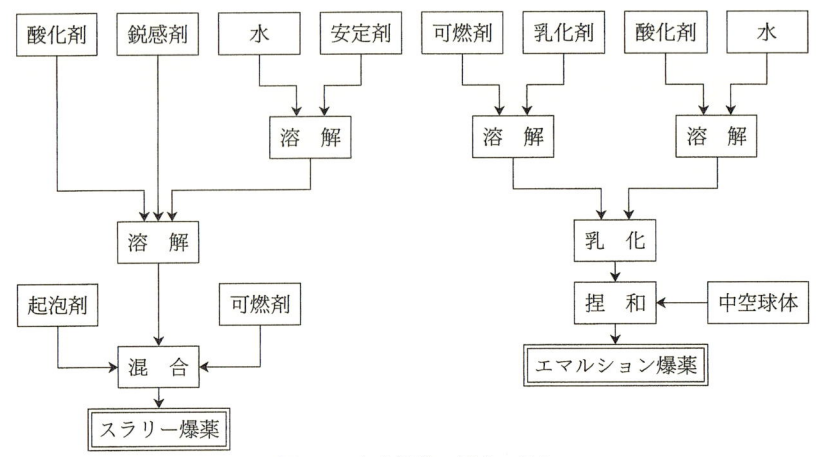

図8.5　含水爆薬の製造工程[1]

8.6　機械装填用バルク含水爆薬

　装填機のタンク内に入れられている含水爆薬をモーノポンプと呼ばれている形式のポンプを用いて圧送するという方式の装填機を用いて，プラスチックホースにより装薬孔内に含水爆薬を装填することができるバルク含水爆薬が開発されている．このタイプの含水爆薬は流動性を良くするために水の含有量が多くなっており，マヨネーズ状である．なお，バルク含水爆薬は機械装填中の安全性を高めるために，通常の薬包状の含水爆薬よりも鈍感にしてあるので，雷管1本では起爆することができず，起爆には硝安油剤爆薬と同様に伝爆薬（親ダイ）が必要である．

演習問題

8.1　含水爆薬は雷管1本で起爆できるか．
8.2　含水爆薬に耐水性はあるか．
8.3　含水爆薬と硝安油剤爆薬とではどちらの方が後ガスは良好か．
8.4　スラリー爆薬に含まれている微細な気泡やエマルション爆薬に混入されるマイクロバルーンはどんな働きをするか．

引用・参考文献
1）　工業火薬協会編：「火薬ハンドブック」，共立出版，昭和62年5月．

9. カーリット

　カーリットは過塩素酸アンモニウムを基剤とする爆薬であって，その名は発明者であるスウェーデンのカールソン（Oscar Carlson）の名にちなんでつけられたものである．この爆薬は過塩素酸アンモニウムを酸素供給剤とし，けい素（Si）90％以上のけい素鉄を可燃物とするところに特徴があり，もとの基準の配合は過塩素酸アンモニウム75％，けい素鉄16％，木粉6％，重油3％

表 9.1　カーリットの基本的な組成 ［％］[1]

	5号黒	あかつき	青
過塩素酸アンモニウム	71〜76	22〜27	17〜22
硝酸アンモニウム	—	57〜65	47〜55
硝酸ナトリウム	—	—	11〜16
ニトロ化合物	—	4〜7	4〜7
けい素鉄	5〜10	2〜4	2〜4
木粉，澱粉	7〜12	3〜7	3〜7
重　　油	3〜7	0〜2	0〜2
そ の 他	1〜3	0〜2	0〜2

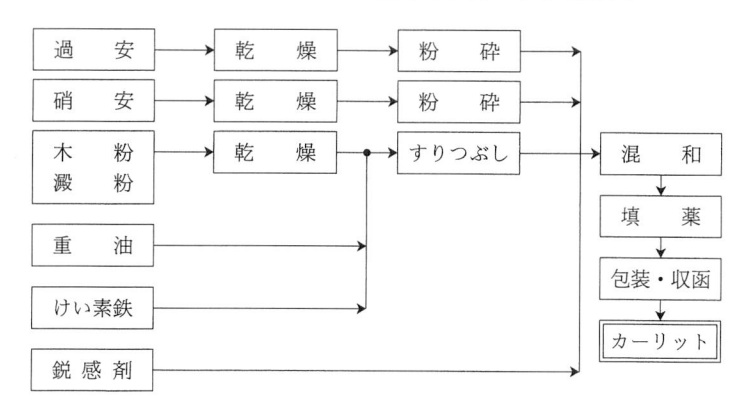

図 9.1　カーリットの製造工程[1]

であった．表 9.1 はカーリットの基本的な組成を示したものであり，図 9.1 はその製造工程を示した図である[1]．

　過塩素酸アンモニウムを真空中で加熱すると 150 ℃で分解を始め，400 ℃で爆燃し，さらに高温では爆発する．有効酸素量が多く爆発物はすべて気体になる．水には溶けるが潮解性はない．過塩素酸アンモニウムのもつ有効酸素量はほぼ 240 l/kg であり，けい素鉄および木粉が必要とする酸素量はそれぞれ 750 l/kg および 960 l/kg である．ニトロ化合物は鋭感剤で，ジニトロトルエン，ジニトロナフタリンなどが用いられる．

　カーリットは配合剤，とくに，けい素鉄の粒子が粗大であると爆薬の摩擦感度が鋭敏になるので粒度には注意がはらわれており，過塩素酸アンモニウムは -250 メッシュが 80 ％以上となるように，また，けい素鉄は -150 メッシュとなるように粉砕される．配合成分中の重油は可燃物であるとともに粉末の飛散を少なくし，混合状態を保持させる結合剤である．カーリットは火炎，スパークなどにより着火しやすく，摩擦，衝撃に対しても鋭敏である．カーリットの長所は化学的に安定で自然分解しないことや不良品は多量の水に浸して処理できることなどがある．

演習問題

9.1　カーリットの主たる酸素供給剤であるが，ダイナマイトや硝安油剤爆薬には使用されていない酸素供給剤は何か．

9.2　カーリットに含まれているけい素鉄はどのような働きをするか．

引用・参考文献
1)　工業火薬協会編：「火薬ハンドブック」，共立出版，昭和 62 年 5 月．

10. 黒 色 火 薬

　硝酸カリウム，硫黄，および木炭の3成分をそれぞれ細かく砕き，よくまぜ合わせたものが黒色火薬である．硝酸カリウム（硝石）40〜80％，硫黄3〜30％，木炭10〜40％の範囲であれば，いずれもよく着火し燃焼する．混合に際してはまず，硫黄と木炭粉をボールミルを用いて粉砕混合し，これと硝酸カリウムを木製のボールミルを用いて混合する．このようにして混合したものを粉火薬という．黒色火薬に含まれている硫黄は着火温度を下げ，炎を大きくし，ガス発生量を増す作用があるが，とくに反応の途中で生成される硫化水素（H_2S）や酸化窒素（NO）の触媒的効果によって，有毒なCOや青酸ガス（KCN）の生成をおさえる働きがあるといわれている．したがって，相当量の硫黄を含むことを必要とし，坑内用のものには少なくとも10％を加える必要がある．なお，標準の75：10：15の割合で混合された黒色火薬が反応を起こしたときに生成する固体および気体の比は45〜50：50〜55であって，生成ガス量は250〜300 l/kgにすぎない．

　黒色火薬およびその他の硝酸塩を主とする火薬は着火しやすいから，特に火

図 10.1　各種用途に使用される黒色火薬の外観
　　　　［日本化薬株式会社提供］
　　　　左：煙火用黒色火薬，中：黒色小粒火薬，右：黒色鉱山火薬

炎に対して注意しなければならない．また，摩擦や打撃によって発火しやすい．しかし，湿気を吸うと火つきが悪くなり，さらに湿ると燃えなくなる．吸湿した黒色火薬は直射日光で乾かせばよい．

以下にそれぞれの用途に使用されている黒色火薬について簡単に説明する．なお，図 10.1 は各種用途に使用される黒色火薬の写真である．

（1） 黒色鉱山火薬

黒色鉱山火薬は，硝酸カリウム 74～80 %，硫黄 10～20 %，木炭 10～20 % の粉火薬を造粒機を用いて大きさが 3～7 mm の球形に造粒し，表面をグラファイト仕上げしたものである．石材を採取するための大塊採石用として使用される．

黒色火薬の起爆には導火線，点火管，雷管が用いられる．

図 10.2 は黒色鉱山火薬を 5 kg 詰めた袋と，それが 4 個入った箱の写真である．

図 10.2 袋詰めされた黒色鉱山火薬
［日本化薬株式会社提供］

（2） 導火線用粉火薬

導火線用粉火薬は，硝酸カリウム 60～70 %，硫黄 15～25 %，木炭 10～20 % の配合で，粒の大ささは 0.1 mm 以下である．火工品の節で説明する導火線の芯薬として使用される．

（3） 猟用黒色火薬

猟用黒色火薬は，0.4～1.2 mm の大きさの粒状で，表面はグラファイト仕上げがしてあり光沢がある．猟銃の発射薬として使用する．

（4） 黒色小粒火薬，煙火用黒色火薬，玩具用黒色火薬

黒色小粒火薬は 0.4～1.2 mm の粒状，煙火用黒色火薬は 0.1 mm 以下の粒状，玩具用黒色火薬は 0.4～2.0 mm の粒状で，打ち上げ花火の発射薬や伝火薬などとして使用されている．

演習問題

10.1 黒色火薬に含まれている硫黄はどのような働きをするか．
10.2 黒色火薬を起爆するためには何が用いられるか．
10.3 黒色火薬の使用上の注意事項を示せ．

11. 発射薬と推進薬

11.1 ダブルベース無煙火薬とトリプルベース無煙火薬

ダブルベース無煙火薬とはニトログリセリンとニトロセルローズを主成分とする無煙火薬であって，アセトンやエチルアルコールなどの揮発性溶剤が用いられるものは溶剤火薬と呼ばれ，主として銃などの発射薬として用いられている．一方，ジエチルフタレートやジフェニールウレタン等の不揮発性溶剤を用いたものは無溶剤（不揮発性溶剤）火薬と呼ばれ，迫撃砲の発射薬やロケット推進薬として用いられる．

トリプルベース無煙火薬はダブルベース無煙火薬にニトログアニジンを加えた無煙火薬であり，溶剤を用いて膠化を行い，圧伸整形した後，溶剤を揮発させて作られる．この無煙火薬は発射薬としての多くの長所をもっている．

11.2 コンポジット系推進薬

コンポジット系推進薬とは酸化剤と燃料の各成分が化学的には結合せず，単に混合した後に整形された固体推進薬である．酸化剤としては過塩素酸アンモニウム，過塩素酸カリウム，硝酸アンモニウムなどが用いられ，燃料結合剤としては合成樹脂が用いられている．たとえば，ポリエステル，エポキシ，ポリサルファイド，ポリウレタンなどである．なお，比推力を向上させるためにアルミニウム粉末が混合されるのが一般的である．

11.3 推力

静止燃焼実験により全推力（total thrust または total impulse）を測定し，それを使用した推進薬の重さで除したものを比推力（specific impulse）とい

う．すなわち，推力を F [N]，推進薬の重さを W_p [kg・m/s²]，比推力を I_{sp} とすると，

$$I_{sp} = \frac{\int F dt}{W_p} \quad [\text{s}]$$

となり，比推力は秒単位であらわされる．ここに，t は燃焼秒時である．I_{sp} の値は小さいもので180秒程度であり，大きいのは300秒程度である．これは1 kg の推進薬が1 kg のものを180秒または300秒間持ち上げることができるという意味である．あるいは1 kg の推進薬が1秒間 180 kg または 300 kg の

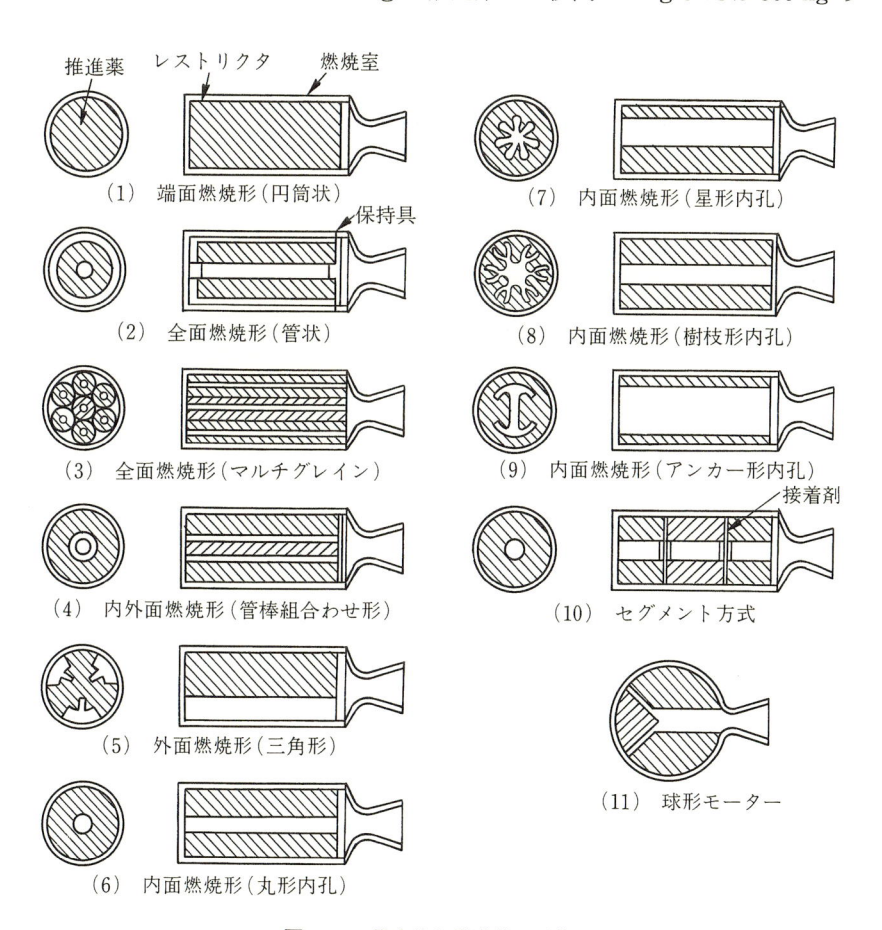

(1) 端面燃焼形（円筒状）
(2) 全面燃焼形（管状）
(3) 全面燃焼形（マルチグレイン）
(4) 内外面燃焼形（管棒組合わせ形）
(5) 外面燃焼形（三角形）
(6) 内面燃焼形（丸形内孔）
(7) 内面燃焼形（星形内孔）
(8) 内面燃焼形（樹枝形内孔）
(9) 内面燃焼形（アンカー形内孔）
(10) セグメント方式
(11) 球形モーター

図 11.1 代表的な推進薬の形状[1)]

ものを持ち上げ得ると考えてもよい．

いま，F なる推力を t 秒間維持するために必要な推進薬の重さ W_p は，

$$I_{sp} \cdot W_p = F \cdot t \quad \text{であるから，} \quad W_p = \frac{F \cdot t}{I_{sp}}$$

となる．

次に推進薬の単位体積重量を γ とし，所定の圧力での燃焼速度を V_b とすれば，要求される推力 F を得るために必要な燃焼面積 A_b は，

$$F = \gamma \cdot A_b \cdot V_b \cdot I_{sp}, \quad \text{したがって，} \quad A_b = \frac{F}{\gamma \cdot V_b \cdot I_{sp}}$$

より求めることができる．

ロケット推進薬の燃焼形式としては端面燃焼形，全面燃焼形，内面燃焼形，外面燃焼形に大別できる．図11.1は代表的な推進薬の形状を示したものである．

[例題11.1] 比較的小さな推力を長時間持続させたい場合には，どのような燃焼形式が良いか．
[解] 推力は燃焼面積に比例するので，燃焼面積が小さく推進薬が全部燃焼してしまうまでに時間がかかる端面燃焼形が好ましい．

[例題11.2] 内面燃焼形の内面が凸凹しているのはなぜか．
[解] 推力は燃焼面積に比例するので，内面を凸凹させ，燃焼が進んでも燃焼面積があまり変化しないような形にすれば，推力の時間的変化を少なくすることができる．

引用・参考文献
1） 工業火薬協会編：「火薬ハンドブック」，共立出版，昭和62年5月．

12. 火 工 品

12.1 概　要

　火工品とは火薬または爆薬を紙，綿糸，プラスチック，金属などを用いて包装したものであって，主として火薬類を爆発させるために使用されるものである．火工品としては導火線，導爆線，工業雷管，電気雷管，ノンネルシステム・エクセルシステム・ハーキュデットシステムなどの非電気点火システム，コンクリート破砕器，銃用雷管，爆発びょう打銃空砲，信号炎管および信号雷管などがある．

　発破作業では導火線と工業雷管を組み合わせて用いる場合と，電気雷管を使用する場合，非電気点火システムを用いる場合などがあるが，現在は導火線と工業雷管を用いる方法はほとんど使われず，もっぱら電気雷管が使用されている．雷管には内部に詰められている高性能爆薬の量によって1号から10号までがあり，号数が大きくなるにつれて薬量が増加して強力になる．現在一般に市販されている雷管は6号雷管である．3号，6号，8号雷管の装薬量を表12.1に示す．

表 12.1　雷管の号数と装薬量

種　別	起爆薬 [g]	添装薬 [g]
3号雷管	0.3	0.35
6号雷管	0.4	0.45
8号雷管	0.5	0.90

12.2 導火線

導火線は硝酸カリウム60〜70％，硫黄15〜20％，木炭10〜20％を混合した粉状黒色火薬を中心に入れ，その周囲を紙，糸などを用いて被覆し，防水塗装をほどこしたロープ状のもので，黒色火薬の量は導火線1mにつき3.5g以上である．導火線は用途によってJISにより区分されており，表12.2に示すように，第1種，第2種，第3種の3種類がある．第1種は検定品で炭鉱用であり，第2種は金属鉱山，土木，採石用などの一般用であり，第3種は主として露天採石用であるが，現在は第2種のみが量産されている．導火線の最も重要な性能は燃焼が均一であるということで，長さ1mを燃えるのに要する時間（これを燃焼秒時と呼んでいる）が100〜140秒の間でなければならないと規定されている．使用に際しては，あらかじめ導火線の一部を切り取り，燃焼秒時を測定して，その長さを確認しておく必要がある．表12.3は導火線の性能をとりまとめて示したものである．導火線は工業雷管に点火するために使用されるほか，鉱山用黒色火薬の点火にも使用される．図12.1は出荷される導火線の外観を示したものである．表12.2に示したように現在市販されている第2種導火線の色は白色である．

表12.2 導火線の構造[1]

種類	線径[mm]	薬量[g/m]	被覆 第1	被覆 第2	被覆 第3	仕上色	用途
第1種	4.8以上	4〜5	麻糸10本以上	麻糸6本以上	スフ糸10本	白	炭鉱用
第2種	4.6以上	5〜6	〃	スフ糸5本以上	スフ糸8本	白	一般用
第3種	4.5以上	5〜6	〃	スフ糸10本以上	—	黒	採石用(露天)

表12.3 導火線の性能

導火線	第1種	第2種	第3種
黒色火薬 [g/m]	3.5以上	3.5以上	3.5以上
線径 [mm]	5.0以上	4.8以上	4.5以上
燃焼秒時 [s/m]	100〜140	100〜140	100〜140
被覆の燃焼性	なし	ややあり	あり
耐水性(水深2m)	2時間以上	2時間以上	1時間以上
発煙	微少	やや多い	多い

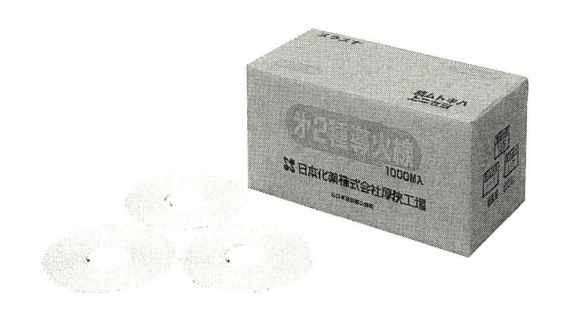

図 12.1 出荷される導火線の外観
[日本化薬株式会社提供]

　導火線への点火は蚊取り線香の火のような固体の火が好ましいが，導火線の芯薬にマッチ棒の点火薬を押し付け，そこでマッチを擦ってマッチを発火させて導火線の芯薬に点火するという方法も用いられている．一端が点火された導火線はその切り口から薄い色の煙が噴き出すが，外観は変化しないので外からはどこまで芯薬が燃焼しているかはわからない．芯薬が燃焼して他端に達すると，そこから勢い良く火が噴出する．これを導火線の吹き火と呼んでいる．この吹き火により工業雷管や黒色火薬が点火され，爆発する．

12.3　導　爆　線

　導爆線は爆轟を伝えるために用いられるロープ状の火工品であり，これもJISにより第1種導爆線と第2種導爆線に分けられている．第1種導爆線はピクリン酸を錫管に溶填し，これを引きのばしてロープ状にしたもので，芯薬の量は20～25 g/m，外径は5.0～5.5 mm，爆速はほぼ6000 m/sである．第1種導爆線は爆速が一定なので主としてドートリッシュ法による試験爆薬の爆速測定のために使用されていたが，現在はほとんど使用されていない．

　現在わが国で製造されている導爆線は第2種導爆線であって，ペンスリットを中心に入れて芯薬とし，これを紙，糸などで被覆し，その上にアスファルトなどを塗布して防水し，さらにその上をビニール被覆したものであって，外径が4.9～5.5 mmのロープ状である．芯薬の薬量は約10 g/m，爆速はほぼ6000 m/sである．したがって，導爆線の威力はほぼ10 cmおきに6号雷管を並べて

逐次爆発させる場合とほぼ同様であるとみなすことができる．

　導爆線は多量の爆薬を同時に爆発させたい場合とか，水中発破などで雷管の代わりに使用される．耐水性は水深3mで3時間程度である．また，長孔発破などの場合に爆轟中断または爆速低下防止のためにも用いられる．

　導爆線の起爆には工業雷管や電気雷管が使用される．

　図12.2は第2種導爆線の外観を示したものである．導爆線の色は赤色か黄色に黒線が入ったものであり，導火線（白色）と区別されている．

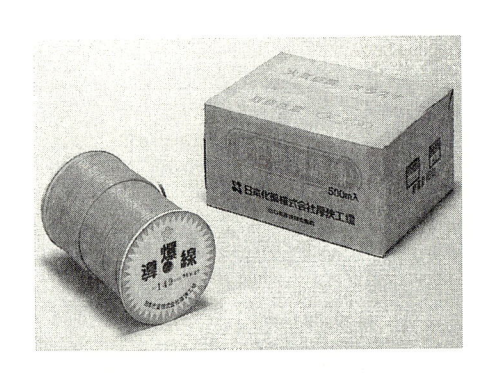

図12.2　出荷される導爆線の外観
[日本化薬株式会社提供]

12.4　工業雷管

　工業雷管は図12.3に示すように，起爆薬と添装薬とを外径約6.5mmの銅管に封入したもので，導火線からの吹き火によって点火する雷管である．使用に際しては導火線を工業雷管にさし込み，導火線の中心にある芯薬(黒色火薬)が内管の中心に空けられている穴に接するようにして導火線鋏で管体の口元部分を絞め付けて導火線と雷管とを連結して使用する．導火線からの吹き火が内管の孔を通って起爆薬にあたり，それによって起爆薬が爆発し，それによって添装薬が爆轟し，この爆轟によって周囲の爆薬を爆発させるものである．

　したがって，雷管に使用される起爆薬は点火によって容易に完爆する特性をもっているものでなければならない．この雷管用起爆薬としては，DDNPやDDNPと塩素酸カリウムの混合物であるDDNP爆粉に着火性を良くするためにテトラセンやトリシネートを混合したものなどが用いられている．

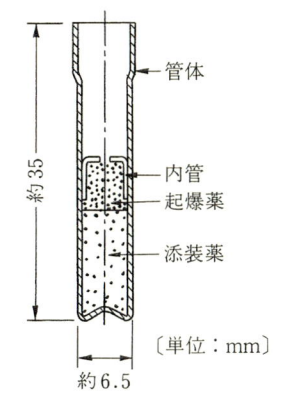

図 12.3 工業雷管の構造（6号）

表 12.4 工業雷管の諸元

種別	長さ [mm]	外径 [mm]	内径 [mm]	添装薬 [g]	起爆薬 [g]
3号雷管	30	6.5	6.2	0.35	0.3
6号雷管	35	6.5	6.2	0.45	0.4
8号雷管	50	6.5	6.2	0.90	0.5

　添装薬は起爆薬の爆発によって爆轟し，周囲の爆薬を確実に起爆するものでなければならない．添装薬としてはテトリル，ヘキソーゲン，ペンスリットなどの高爆速の高性能化合爆薬が使用されている．

12.5　電気雷管

　電気雷管は雷管に電流を流すことによって雷管内部にある抵抗線を加熱し，その熱によって抵抗線に接している点爆薬に火をつけ，それによって起爆薬を起爆させる雷管である．

　電気雷管は瞬発電気雷管と遅発電気雷管に分けられる．瞬発電気雷管は電流を流した瞬間に爆発する雷管であり，遅発電気雷管は電流を流してからしばらくしてから爆発する雷管である．

　遅発電気雷管は，さらに，爆発遅れ時間の長さに対応してDS電気雷管とMS電気雷管に分けられる．遅発雷管は電流を流してから雷管が爆発するまでの時

間をゆっくりと燃焼する延時薬を使用して調整している雷管と，電子回路を用いて時間を調整している電子遅延式電気雷管とに分けることができる．

12.5.1 瞬発電気雷管

瞬発電気雷管の構造を図12.4に示す．図に示すように，この雷管は，先に示した工業雷管内の起爆薬を電気点火装置によって点火する雷管で，電流を流してから雷管が起爆するまでの時間は電流の大きさによってやや変化するが，ほぼ1ミリ秒 (ms) 程度である．したがって，瞬発電気雷管に電流を流せば瞬時にして起爆するとみなしてよい．電気点火装置はビニール被覆をした線径が約0.5 mmの並行銅線（電気抵抗は約0.1 Ω/mで，これを脚線と呼ぶ）の一端を白金80〜90％，イリジウム10〜20％の合金で作られている線径が約0.03 mm，長さが1.5〜2.0 mmで，電気抵抗が300〜400 Ω/mの細い合金線で短絡したもの（これを電橋と呼ぶ）の電橋部分に点火薬を付けるか，それとも電橋部分を点火薬内に入れたものである．この電橋に脚線を介して電流を流して加熱し，点火薬を発火させる．脚線の長さは1.2 mを基準とし，30 cmおきに順次長いものが生産されており，脚線の長さが3.0 mまでのものが一般に使用されている．

起爆薬や添装薬は工業雷管の場合と同じである．現在市販されている瞬発電気雷管は6号電気雷管である．

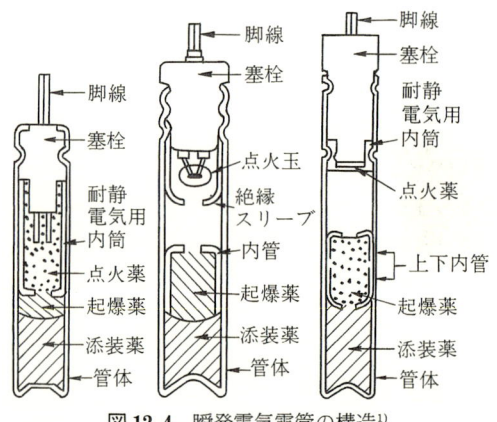

図12.4 瞬発電気雷管の構造[1]

12.5 電気雷管　67

　通商産業省工業技術院資源環境技術総合研究所では1秒間に50万枚（2μs/枚）の写真を撮影し得る超高速度カメラを用いて電気雷管が爆轟する様子の撮影に成功している．その高速度写真を図12.5に示す．図12.5の(1)は点火する前の電気雷管を示したものである．(2)では雷管の上部に入っている起爆薬の爆轟によって，管体の上半分が細かく破壊され，爆発生成ガスが膨張を始めているとともに，雷管下部に装填されている添装薬もすでに爆轟しており，その衝撃により雷管の底部からノイマン効果によるメタルジェットが噴出している様子を認めることができる．ノイマン効果とは図12.4に示したように雷管の底部が円錐状にくぼんでいるため，円錐状の管体底部の銅板が爆轟衝撃によって激しく衝突し，それによって銅が細い高速のジェットとなって飛び出す現象である．なお，管体の下部の添装薬が装填されている部分は膨張しているが，未だ破壊されていない．写真(3)，(4)，(5)，(6)は写真(2)から2μsごと

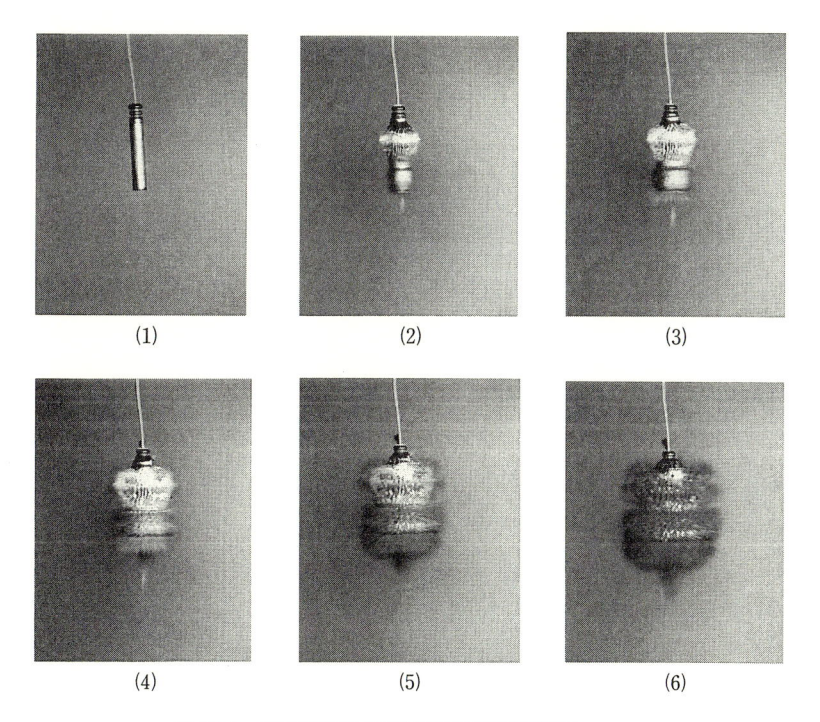

(1)　(2)　(3)

(4)　(5)　(6)

図 12.5　電気雷管の爆轟状況の高速度写真[2)]
[工業技術院資源環境技術総合研究所提供]

の写真を示したものである．写真(3)ではメタルジェットがさらに明瞭になり，写真(4)では管体の下部も完全に破壊されて膨張が始まり，写真(5)，(6)で膨張がさらに進んで行く様子がわかる．

12.5.2 延時薬を用いる遅発電気雷管

図 12.6 に示すように，点火薬と起爆薬との間にゆっくりと燃焼する延時薬を入れ，これによって電流を流してから雷管が爆発するまでの時間を遅らせている電気雷管である．点火薬が発火してから雷管が爆発するまでの時間を延時秒時という．表 12.5 は段数と遅れ時間（基準延時秒時）との関係を示した表である．遅発電気雷管は 10 段までが標準品であり，注文に応じて 20 段まで製造されている．表に示すように，1 段が瞬発電気雷管であり，段数が大きくなるにつれて延時秒時が長くなる．n 段と $n+1$ 段との延時秒時の差を段間隔という．段間隔が 100 ms（1/10 秒）以下のものを MS 電気雷管（ミリセカンド電気雷管）といい，100 ms 以上のものを DS 電気雷管（デシセカンド電気雷管）という．なお，MS 電気雷管の標準的な段間隔は約 25 ms であるが，段間隔が 10 ms や 20 ms の MS 電気雷管も注文に応じて生産される．

DS および MS 電気雷管の段数は雷管の脚線に数字が書かれたラベルを付けて表示してあるとともに，脚線に色を付け，色によって段数がわかるようになっている．脚線の色と段数の関係は表 12.5 に示したとおりである．なお，2 本の

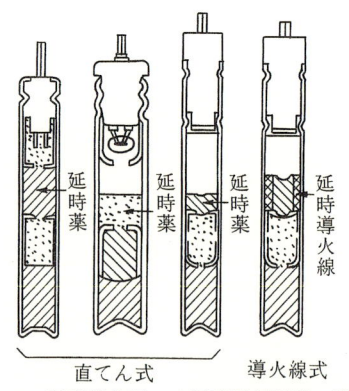

図 12.6　延時薬を用いる遅発電気雷管の構造[1)]

表 12.5 遅発電気雷管の段数と基準延時秒時および段数と脚線の色

段別	脚線色	DS段発電気雷管 秒時 [s]	DS段発電気雷管 管長 [mm]	MS段発電気雷管 秒時 [ms]	MS段発電気雷管 管長 [mm]
1	白・白	0	40	0	40
2	赤・白	0.25	45	25	40
3	緑・白	0.5	45	50	40
4	橙・白	0.75	45	75	45
5	黒・白	1.0	45	100	45
6	赤・赤	1.25	45	130	45
7	緑・緑	1.5	45	160	45
8	橙・橙	1.75	50	200	45
9	青・橙	2.0	50	250	45
10	赤・緑	2.3	50	300	45
11	赤・橙	2.7	50	350	45
12	赤・黒	3.1	55	400	45
13	緑・橙	3.5	55	450	45
14	緑・黒	4.0	55	510	45
15	橙・黒	4.5	55	570	45

脚線の色がともに白いものは瞬発電気雷管である．段数が同じであるMS電気雷管とDS電気雷管とはラベルの色によって判別することができる．

上記のようにこの種の遅発電気雷管は点火してから雷管が起爆するまでの時間を遅らせるために一定速度で燃焼する延時薬が使用されており，延時秒時の調節は延時薬の組成と長さとによって調節される．したがって，段数の大きい段発電気雷管の管体の長さは長くなる．延時薬は燃焼によってガスが発生しないことが要求される．一般に，酸化剤と還元剤との組合せで，酸化剤としては BaO_2, Pb_3O_4, $KMnO_4$, $PbCrO_4$ などが用いられ，還元剤には金属，合金，非金属の粉末，たとえば，Sb, Mn, Fe, Siなどが用いられる．

図12.7は電気雷管の外観を示した写真であり，図12.8は出荷される状態を示した写真である．

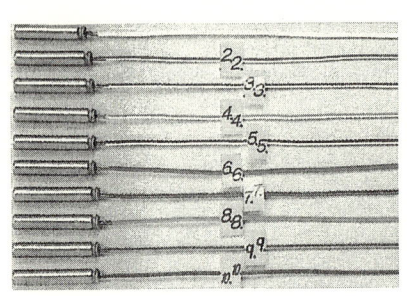

図 12.7　電気雷管の外観
　　　　　［日本化薬株式会社提供］

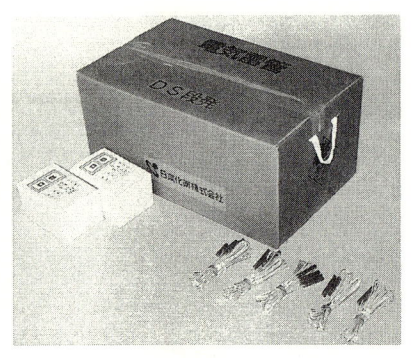

図 12.8　電気雷管の出荷される状態
　　　　　［日本化薬株式会社提供］

12.5.3　電子遅延式電気雷管（IC 電気雷管）

　延時薬を用いる遅発電気雷管は延時薬の燃焼速度や長さのわずかな差により，延時秒時が基準延時秒時を中心にして最大±5％ほどのばらつきが生じることは避けられない．そこで，このばらつきをなくすために電子遅延式電気雷管が開発された．図 12.9 はその構造を示したものであり，図 12.10 はその外観を示したものである．図 12.9 に示したように，この雷管はコンデンサに蓄えられた電荷を IC タイマーを用いて所定の時間遅らせて瞬発電気雷管に流し，起爆する方式である．IC タイマーの使用により遅れ時間を 10 ms から 8.196 秒まで 1 ms きざみで正確に設定することが可能である．この雷管を使用することによって，波の干渉効果を利用して発破振動や発破による低周波音を軽減させる発破，高い斉発精度による良好な制御発破，最適な遅れ時間の設定による効果的な段発発破などの有効な発破が可能になる．

　なお，この雷管を起爆するためには専用の発破器が必要である．

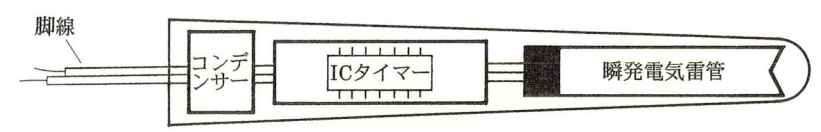

図 12.9　電子遅延式電気雷管の構造
　　　　　［旭化成株式会社提供］

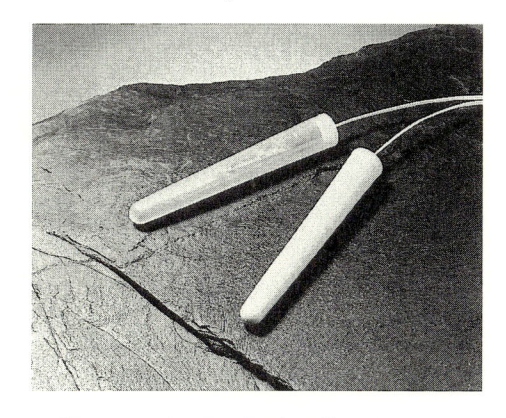

図 12.10　電子遅延式電気雷管の外観の一例
[旭化成株式会社提供]

12.5.4　耐静電気雷管

耐静電気性能に優れた電気雷管を耐静電気雷管と呼んでいる．静電気による雷管の暴発は脚線と雷管の管体との間で発生する放電が原因である．したがって，この雷管は電気雷管の脚線と管体との間で 2000 pF，8 kV の放電をさせても発火しない構造になっている．

12.5.5　地震探鉱用電気雷管

構造的には瞬発電気雷管と同一であるが，地震探鉱（弾性波探査）の場合には電気雷管に電流を流した瞬間，または，流した電流によって電橋が溶断した瞬間を波動が発生した時間とみなすことが多いため，通電から爆発するまでの時間をできるだけ短くした雷管である．特殊配合の点火薬を使用して電橋溶断時間と爆発時間との差を $0.0\,\alpha$ ms まで保証するように作られている．

12.6　非電気点火システム

12.6.1　概　要

雷がしばしば発生する気象条件の現場とか漏洩電流があるなどの悪条件がある場合や，硝安油剤爆薬を高圧空気で機械装填し，孔底起爆したい場合などのように静電気や漏洩電流による電気雷管の暴発が予測され，通常の電気雷管を

使用することは保安上問題があるとみなされる場合のために，電気を使用せずに多数の雷管を安全に起爆し得るシステムがある．このようなシステムとしては導火管付き雷管を用いるシステムとガス導管式雷管を用いるシステムがある．導火管付き雷管を用いるシステムはわが国でもかなり用いられており，ノンネルシステム，エクセルシステムなどの商品名で販売されている．ガス導管式雷管を用いるシステムとしてはハーキュデットシステムがある．

12.6.2 導火管付き雷管を用いる点火システム
（ノンネルシステム，エクセルシステム，プリマデットシステム）

　導火管付き雷管を使用する点火システムは，電気雷管を用いる点火システムの場合に必要となる電線のかわりに，内面に薄く爆薬を塗布した直径が 3 mm 程度の細いプラスチックチューブを用いて点火するシステムである．この点火システムはチューブ付き雷管，点火チューブ，点火チューブを接続するコネクターから成り立っている．

　点火チューブ付き雷管の外観を図 12.11 に示し，その構造の一例を図 12.12 に示す．この図は延時薬を用いた遅発雷管の構造図である．点火チューブ付き雷管は図 12.11 および図 12.12 に示したように，所要の長さの点火チューブがついている雷管で MS 電気雷管，DS 電気雷管のような遅発雷管がついているものもある．

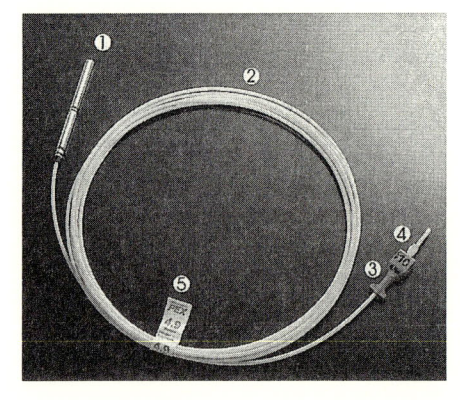

❶ Exel®雷管
❷ Exel®チューブ
❸ J フック
❹ エンドシール
❺ ラベル（チューブ長）

図 12.11　点火チューブ付き雷管の外観
［旭化成株式会社提供］

12.6 非電気点火システム 73

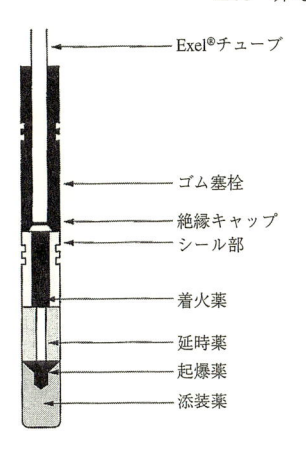

図 12.12 点火チューブ付き電管の構造
[旭化成株式会社提供]

点火チューブはノンネルチューブ，リードラインなどと呼ばれており，外径 3.0 mm，内径 1.5 mm の中空プラスチックチューブの内面に化合爆薬である HMX とアルミニウムの微粉末との混合物を薄く（0.02 g/m）塗布したチューブで，これを一端から起爆すると約 2000 m/s の速度で爆轟がチューブ内を伝播する．点火チューブ内の爆薬は極めて少量なので爆轟がチューブ内を伝播してもチューブ自体にほとんど影響を与えることはなく，音も小さく，このチューブに接している爆薬も起爆しない．点火チューブの外観を図 12.13 に示す．

コネクターは点火チューブからの爆轟を分岐させるもので，分岐する時に爆

図 12.13 点火チューブの外観
[旭化成株式会社提供]

轟の伝播を遅らせる延時コネクターもある．

　点火チューブの起爆には専用の発破器，または，工業雷管，電気雷管が用いられる．なお，多数の点火チューブが一箇所に集まっている場合にはそれを一まとめにし，導爆線を巻き付けて全部を一度に起爆することもできる．

　なお，このシステムは電気雷管を用いる場合に実施される導通試験のように，点火回路を計器を用いてチェックすることができず目視に頼らねばならない．

12.6.3　ガス導管式雷管を用いる点火システム（ハーキュデットシステム）

　このシステムはノンネルシステムやエクセルシステムなどの導火管付き雷管の点火チューブを2本の中空チューブに置き換えたもので，チューブ内に可燃性ガスと酸素を通し，このガスを専用発破器で起爆することによって，2本のチューブがついているガス導管式雷管（ハーキュデット雷管）を起爆するというシステムである．このシステムでは点火前に不活性ガス（窒素ガスまたは空気）をチューブに流し，圧力を測定することによってチューブの結合をチェックすることができる．燃料ガスは点火の直前に送り込まれる．なお，このシステムにも遅発雷管がある．

12.7　コンクリート破砕器

　コンクリート破砕器とは火薬類の爆発によって発生する振動・騒音および飛

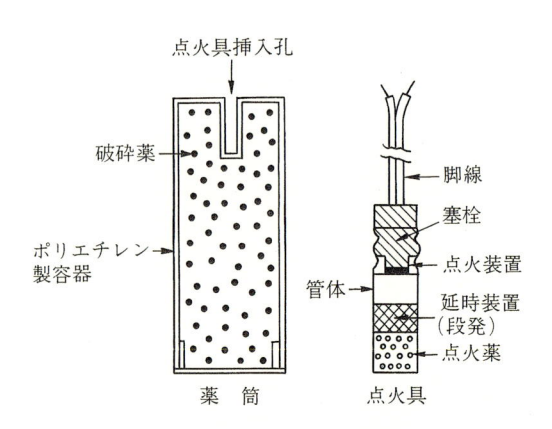

図12.14　コンクリート破砕器の薬筒と点火具の構造[1]

び石を極力押さえ，市街地でも火薬類を用いてコンクリートや軟岩を破砕し得る火工品である．酸化鉛，過酸化バリウム，臭素塩，クロム酸鉛などを主とする火薬をプラスチック容器に詰めたもので，点火管と呼ばれている専用の点火具によって起爆される．それらの構造を図12.14に示す．

12.8 建設用びょう打銃空砲

建設用びょう打銃は空砲の燃焼ガスによってびょうをコンクリートや鋼板に打ち込むために使用される．これにより，鋼板をコンクリートに打ちつけたり，コンクリートにボルトを打ち込んだりする作業を簡単に行い得る．図12.15は建設びょう打銃空砲の構造を示したものである．起爆薬としては，トリシネート，テトラセン等を主剤としたものが用いられ，発射薬としてはダブルベース無煙火薬が用いられている．

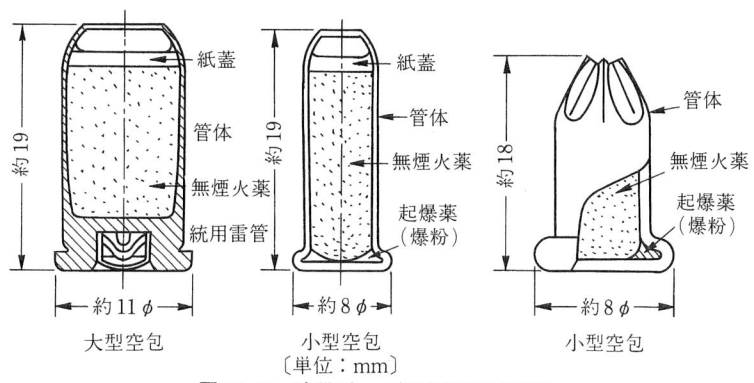

図12.15 建設びょう打銃空砲の構造[1]

演習問題

12.1 長さが1mの導火線の一端に点火した瞬間から他端から火を吹くまでの時間（燃焼秒時）はどのような範囲になければならないか．

12.2 導爆線は何で点火するか．

12.3 MS 5段の電気雷管とDS 5段の電気雷管とでは，どちらの方が点火してから爆発するまでの時間が長いか．

12.4 段発電気雷管に電流を流してからそれが完全に爆発するまでの順序を示せ．

引用・参考文献
1) 工業火薬協会編：「火薬ハンドブック」，共立出版，昭和62年5月．
2) 緒方雄二, 松本　栄, 勝山邦久, 橋爪　清：工業火薬, Vol. 53, No. 4, pp. 200-204, 1992.

13. 性 能 試 験

13.1 概　要

　火薬類の試験方法としては，1950年に制定されたJIS法があるが，その後，科学技術の進歩を取り入れてJIS法の改正が行われるとともに，社団法人火薬学会では火薬学会規格として各種の試験法を規格化[1]しており，各種の試験はこれらに則って実施されているものが多い．

13.2　爆発威力

　爆薬の爆発による破壊は，爆轟衝撃によって発生する強力な波動による動的な破壊と，爆発生成ガスの圧力およびその膨張による準静的な破壊との重畳により達成される．したがって，この両者を分離して考えることはできないが，動的破壊は主として爆轟圧力によって支配され，準静的な破壊は主として爆発生成ガスの膨張による仕事効果によって支配されるので，爆発威力も動的破壊効果と準静的な破壊効果（仕事効果）との両者によって検討される．動的効果の判定には爆速および猛度が用いられ，仕事効果の判定には弾動振子，弾動臼砲，および，鉛とう試験の結果が用いられる．なお，爆力試験（水中法）はこの両者を同時に測定し得る試験法である．

13.2.1　爆速測定法

　爆薬の爆轟圧は2.2節で示したように爆速の2乗に比例するから，爆速は爆薬の動的効果を判断する大きな要素である．爆速測定法としてはドートリッシュ法，イオンギャップ法，光ファイバー法，抵抗法がある．

(1) ドートリッシュ法

これは JIS K 4810 で規定されている試験法で，図 13.1 に示すように，爆速が既知である導爆線と鉛板とを使用して爆速を測定する方法である．まず，爆速を測定しようとしている爆薬を鋼管に充填し，間隔が a (100 mm) の 2 定点に爆速が既知の導爆線の両端をさし込み，導爆線の中点が鉛板上の基線と一致するように導爆線と鉛板とを固定する．6 号雷管を用いて試料を一端から起爆すると，導爆線がまず図の左側の点で起爆され，ついで，右側の点で起爆される．したがって，爆轟波は導爆線の左および右の両端から導爆線中を進行することになる．この両方向からの爆轟波が衝突した場所では高圧が発生するために，鉛板上に深い傷が発生し，衝突した場所（爆発会合点）を示す．したがって，この衝突した点と導爆線の中点との間の長さを x [mm] とすると，次に示す式 (13.1) より，試料の図に示した区間 a [mm] の平均爆速 D [m/s] を求めることができる．

$$D = \frac{D_0 \cdot a}{2x} \tag{13.1}$$

ここに，D_0 は導爆線の爆速 [m/s] で既知である．

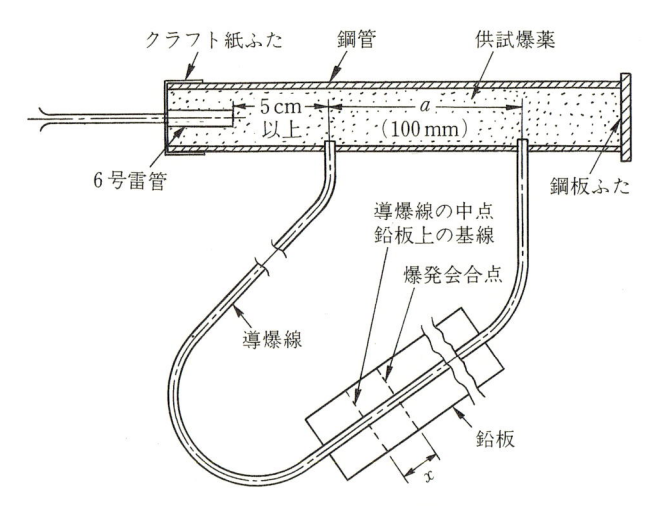

図 13.1 ドートリッシュ爆速測定法[1]

（2） イオンギャップ法および抵抗法

これらの方法は共に，爆轟波面は高温高圧のガス体でイオン化しており，その電気伝導度が非常に良好であるという現象を利用して爆轟波の到達を電気的に検出して爆速を測定する方法である．イオンギャップ法は火薬学会規格で定められており，現在広く用いられている．この方法は図13.2に示すように，間隔が100 mmの2定点に一定電圧を印加した一対の電極（イオンギャップと称する）を爆薬内に約10 mm挿入しておき，6号雷管を用いて爆薬を起爆すると，まず起爆点に近い点に爆轟波が到達した瞬間にその点に挿入してあるイオンギャップが短絡し，電気信号が発生する．この電気信号から右側のイオンギャップに爆轟波が到達したときに発生する電気信号までの時間を測定して2定点間の平均爆速を算出する．

なお，多数のイオンギャップを用い，それぞれのイオンギャップの位置に爆轟波が到達した時間を測定すれば，爆薬内での爆速の変化の測定も可能である．

抵抗法は図13.3に示すように，爆薬内に爆轟波の進行方向と並行に抵抗線プローブを挿入しておくか，それとも爆薬に沿わせておくと，爆轟波の進行に

図 **13.2** イオンギャップ法による爆速測定法[1]

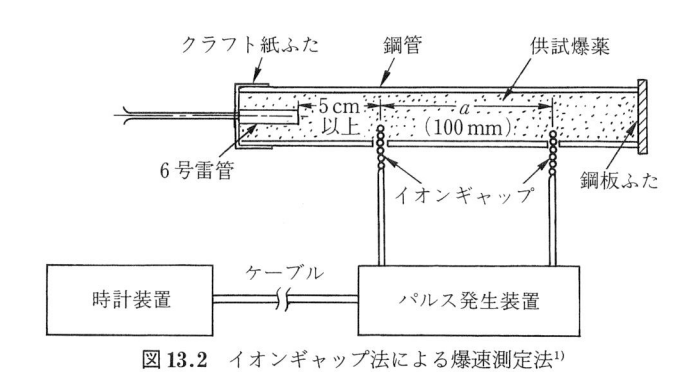

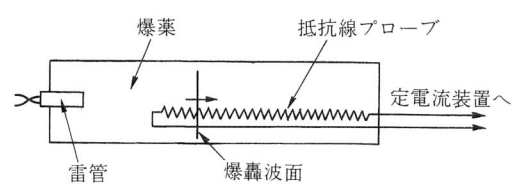

図 **13.3** 抵抗法による爆速測定法

よって抵抗線が順次短絡されるから，抵抗線の両端の電気抵抗を測定すれば，その時間的な変化状態から爆速を求めることができる．この方法の利点は起爆点からの爆速の変化を連続的に測定し得ることと，装薬孔内に装填されている爆薬の爆速も測定し得ることである．

　イオンギャップ法と抵抗法とを併用して爆速を測定した結果の一例を次に示す[2)]．使用した抵抗線プローブは図 13.4 に示すように，小型の 100 Ω の固定抵抗を 25 cm 間隔で 7 個つなぎあわせたもので，これを図 13.5 に示すように爆薬に沿わせると共に，5本のイオンギャップを爆薬内に差し込んで両方法で同時に爆速の測定が行われている．一番雷管に近い位置にあるイオンギャップに爆轟波が到達した時に得られる信号で測定装置を起動し，他の 4 本のイオンギャップからの信号で爆轟波の到達を検出している．図 13.6 は測定記録の一例である．上のトレースがイオンギャップからの信号であり，パルスの位置がそのイオンギャップの位置に爆轟波が到達した瞬間を示している．下のトレースが抵抗線プローブからの信号で，固定抵抗が短絡されるにつれて抵抗線プローブの抵抗が変化するので階段状の電圧変化を示している．なお，図 13.4 に

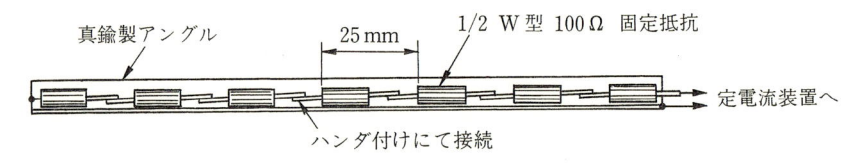

図 13.4　固定抵抗を利用した抵抗線プローブ

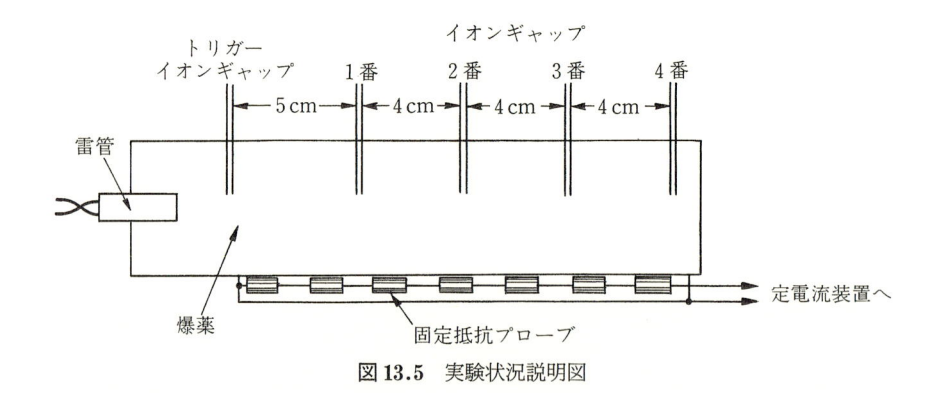

図 13.5　実験状況説明図

13.2 爆発威力 81

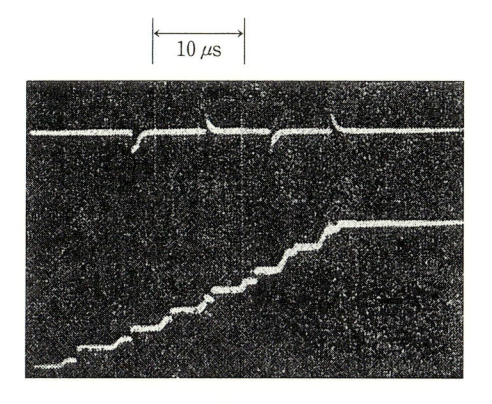

図13.6 実測記録の一例

示したような固定抵抗を用いた抵抗線プローブを用いて装薬孔内に装填されている爆薬の爆速が起爆点からの距離によってどのように変化し，どのような爆轟圧が装薬孔内に作用するのかを検討するために実施した研究の成果も公表されている[3,4]。

　光ファイバー法は火薬学会規格で規定されている方法であり，図13.7に示すように，イオンギャップ法のイオンギャップのかわりに光ファイバーを用いて爆轟波の到達による光を検出して2定点間の平均爆速を測定する方法である．

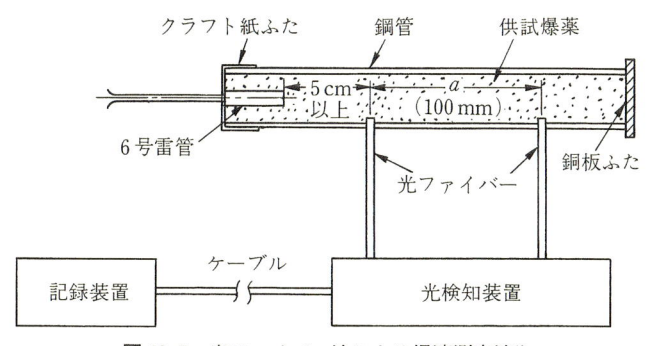

図13.7 光ファイバー法による爆速測定法[1]

13.2.2 猛度試験

爆薬の爆発衝撃によってそれに接する物体にどのような破壊や変形が発生するのかを調べることにより，爆薬のもつ動的破壊効果を判定しようというのが猛度試験（brisance test）である．猛度試験にはヘス猛度試験とカスト猛度試験がある．

（1） ヘス猛度試験

ヘス猛度試験は火薬学会規格で規定されている．これは，図 13.8 に示すように，直径 40 mm，長さ 30 mm の鉛円柱 2 個を重ね，その上に直径 40 mm，厚さ 5 mm の保護鋼板をのせ，その上で内径約 41 mm の塩化ビニル筒に入れた 50 g の試料爆薬を爆発させると，図 13.8 の右側に例示したように鉛柱が

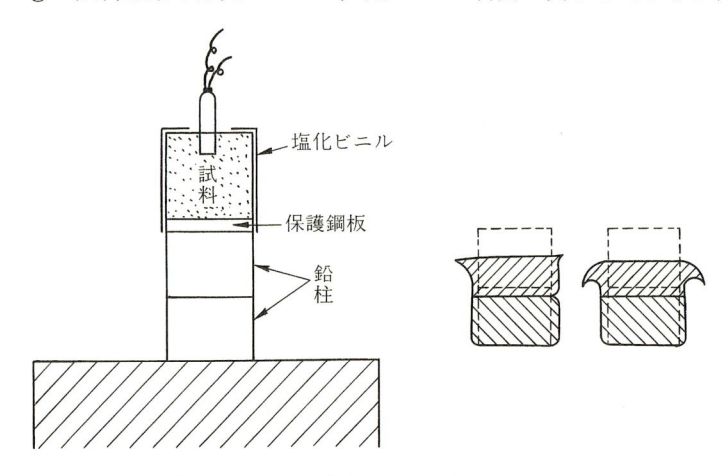

図 13.8 ヘス猛度試験とその結果の一例[1,5]

変形する．この上の鉛柱の変形状態を見て判定する．猛度の値は上の鉛柱の圧縮量を mm 単位で表示する．

（2） カスト猛度試験

これは図 13.9 に示すような装置を 15 g の爆薬で衝撃し，それによる銅柱の圧縮量を測定し，この値と別に行った静的荷重による同一形状の銅柱の圧縮量と圧力との関係を示すグラフを用いてその圧縮量に対応する静的圧力を求め，その値で表示する．

13.2 爆発威力　83

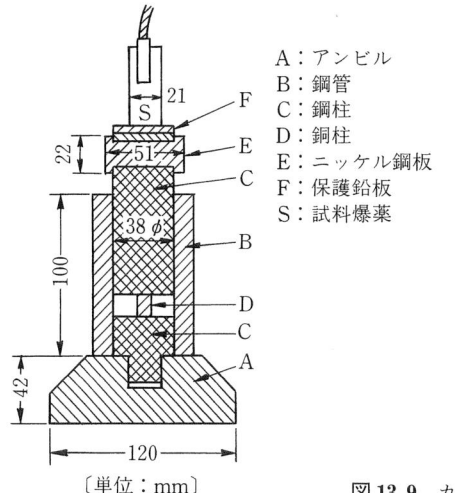

```
A：アンビル
B：鋼管
C：銅柱
D：銅柱
E：ニッケル鋼板
F：保護鉛板
S：試料爆薬
```

〔単位：mm〕　　図 **13.9**　カスト猛度試験[5]

13.2.3　弾動振子試験

弾動振子試験（ballistic pendulum test）は爆薬の仕事効果を判定する試験の一つであって，方法は JIS K 4810 で規定されている．この方法は質量の大きい振子に爆発生成ガスによる衝撃を与え，それによって振子が移動する量を測定して爆薬の仕事効果を判定する試験である．図 13.10 は弾動振子試験法を

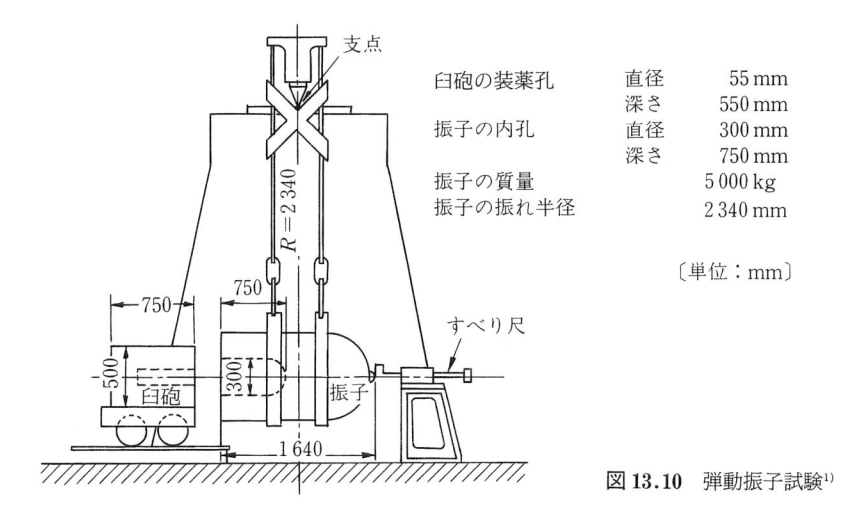

臼砲の装薬孔	直径	55 mm
	深さ	550 mm
振子の内孔	直径	300 mm
	深さ	750 mm
振子の質量		5 000 kg
振子の振れ半径		2 340 mm

〔単位：mm〕

図 **13.10**　弾動振子試験[1]

示した図であって，鉄製振子の質量は 5000 kg である．臼砲には試料爆薬 100 g を装填し，川砂，粘土粉など 1 kg を込め物としてつめたのち，6 号雷管で起爆し，振子の振れを測定する．なお，臼砲と振子との間隔は 50 mm とする．

測定は，まず，60％桜ダイナマイト（NG：60％，NC：2.3％，木粉：8.5％，硝酸カリウム：29.2％）を標準爆薬とし，これを用いて試験し，その時の振子の振れを a_0，試験爆薬を用いた時の振れを a とすると，試験爆薬の弾動振子の振れの値 A は次式で求められる．

$$A = A_0(a/a_0)$$

ここに，A_0 は 78.8 mm とする．

13.2.4　弾動臼砲試験

弾動臼砲試験（ballistic mortar test）もその方法は JIS K 4810 で規定されている．その原理は弾動振子試験と同様であって，図 13.11 に示すように，質量約 450 kg の小型臼砲を振子とし，その臼砲内に 10 g の試料爆薬を取り付けた約 17 kg の弾丸を装填し，試料爆薬を 6 号雷管で起爆する．爆発によって弾丸がうち出されると臼砲はその反動で逆に振れるから，その振れの大きさを測定して仕事効果を判定する値とする．結果の表示は，まず，TNT を用いて実施した時の振子の振れ角を θ_0，試料爆薬を用いたときの振れ角を θ とすると，

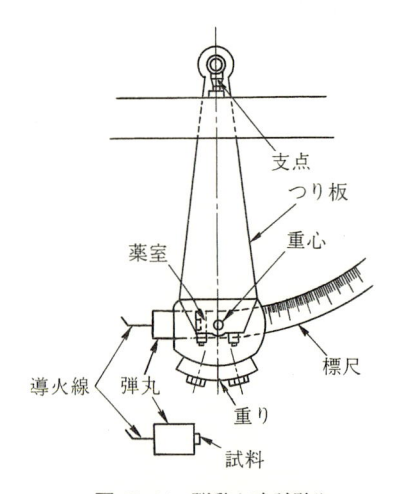

図 13.11　弾動臼砲試験[1)]

弾動臼砲比は次式で示される．

$$弾動臼砲比 = \frac{1-\cos\theta}{1-\cos\theta_0} \times 100$$

13.2.5 鉛とう試験

鉛とう試験（lead block test）も爆薬の仕事効果の判定に用いられる．この試験はトラウズル試験とも呼ばれ，火薬学会規格で定められている．図13.12に示すように，直径20 cm，高さ20 cm の鉛円柱のほぼ中央で10 g の試料爆薬を爆発させ，それによって発生した空洞の容積を水を注いで測定し，その拡大容量をミリリットル単位で測定し，これによって爆薬の性能を判定する．

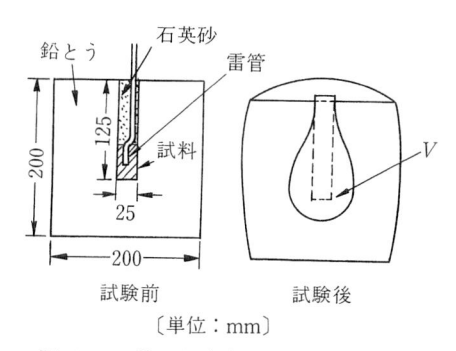

図 13.12 鉛とう試験とその結果の一例[1]

13.2.6 爆力試験（水中法）

この試験は爆薬の動的効果と静的効果を同時に測定し得る試験であり，火薬学会規定により定められている．この試験は爆薬をできるだけ広い水の中で爆発させ，水中に発生した圧力波の大きさとその時間的変化状態を圧力トランスジューサー（圧力センサ）を用いて測定する．測定される圧力波は爆薬の爆轟によって発生する衝撃的な水中圧力波とそれに続くバブルパルスとに分けることができる．バブルパルスとは次のようなものである．すなわち，爆薬の爆発によって水中に発生した爆発生成ガスのバブルは膨張と収縮を繰り返しながら水面に向かって上昇して行く．このガスバブルが収縮から膨張に変わる瞬間に圧力波が水中へ投射される．この圧力波をバブルパルスと呼んでいる．

水中爆力試験では爆薬の動的効果を水中に発生した衝撃波のエネルギー(E_s)として求め，静的効果はガスバブルの膨張が水に与えた仕事エネルギー(E_b)として求める．いま，爆源から R の点で測定した水中衝撃波を $P(t)$ とすると，E_s は次の式より求めることができる．

$$E_s = \frac{4\pi R^2}{\rho_0 C} \int \{P(t)\}^2 dt$$

ここに，C は水中の音速，ρ_0 は密度である．

次に，E_b は次の式から求めることができる．

$$E_b = 6.84 \times 10^7 \times p_0^{5/2} \times T_b^3$$

ここに，T_b はガスバブルの脈動周期であり，p_0 はガスバブルの位置の静水圧である．

このように，この試験法は最初のガスバブルの膨張収縮が水面や水底の影響を受けない深さで爆薬を爆発させる必要がある．火薬学会規格では，結果の表示は同一条件で同一薬量の PETN を爆発させた時に得られた値との相対値で表すとされており，この値を相対衝撃エネルギーおよび相対バブルエネルギーと呼んでいる．

13.2.7 鉛板試験

これは雷管の威力を調べる試験で方法は JIS で規定されている．その方法は大きさが 40 mm×40 mm，厚さが 4 mm の鉛板 1 枚を外径が 25 mm，長さも 25 mm 程度の鉄管の上に水平に置き，この鉛板の上に雷管を直立に置いて起爆させる．正常の雷管はこの鉛板を貫くことができる．6 号雷管の場合には普通 11～12 mm の孔ができる．

13.3 感　　度

火薬類に外部からエネルギーを加えてこれを爆発させるとき，火薬類の種類によって，わずかなエネルギーでも爆発するものもあれば，相当大きなエネルギーを与えなければ爆発しないものもある．このような爆発のしやすさを感度という．感度は外部から加えられるエネルギーの形によって衝撃感度，殉爆（じゅん爆）感度，摩擦感度，熱感度などに分けられる．

13.3.1 落つい感度試験

落つい感度試験(drop hammer test)は爆薬の打撃に対する感度を測定する試験であって,方法はJIS K 4810で規定されている.この方法を図13.13に示す.試験爆薬の量は,膠質状のものは,厚さ0.7 mm,直径11 mmの円盤状のもの,粉状または半膠質のものは,容量0.10～0.12 mlの半球状のさじ一杯とする.この試験爆薬をかなしきと鋼柱との間に挟み,鋼柱の上に5 kgのハンマーを落下させて試料を衝撃し,この衝撃によって試料が爆発する限界のハンマーの落下高さを測定する.この場合,同一の落下高さで6回実験

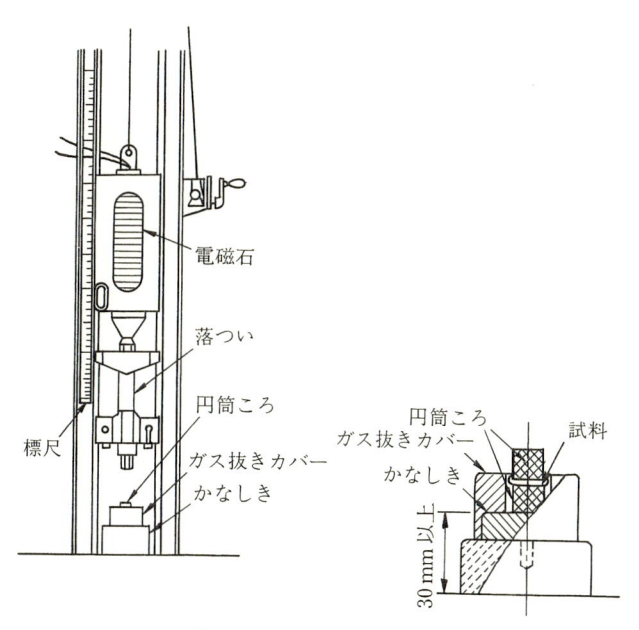

図13.13 落つい感度試験機[1]

表13.1 落つい感度の等級[1]

落つい感度(等級)	1/6 爆点 [cm]	落つい感度(等級)	1/6 爆点 [cm]
1級	5 未満	5級	20 以上～30 未満
2級	5 以上～10 未満	6級	30 以上～40 未満
3級	10 以上～15 未満	7級	40 以上～50 未満
4級	15 以上～20 未満	8級	50 以上

を行い，すべてが爆発する最低の高さを完爆点，全く爆発しない最高の高さを不爆点，1回だけ爆発するか，または，爆発すると推定される高さを1/6爆点という．落つい感度は1/6爆点より表13.1を用いて等級を求め，等級により表される．

13.3.2 殉爆（じゅん爆）試験

一つの爆薬包が爆発したとき，その爆発によってその近くにある他の爆薬包が誘爆することを殉爆といい，保安上，実用上，重要な性質である．殉爆試験（gap test）には砂上殉爆試験，密閉殉爆試験などがあるが，一般には砂上殉爆試験が行われる．砂上殉爆試験の方法は JIS K 4810 で規定されている．その方法は図 13.14 に示すように，直径 30 mm，薬量 100 g の試験爆薬を砂上に作られた直径 30 mm の半円形の溝の中に 2 薬包を一直線にある距離だけ離して置き，一方の薬包に雷管を挿入してこれを起爆し，この爆発衝撃によって第 2 薬包が 3 回連続して誘爆される最大の距離（最大殉爆距離 S（単位はmm））を求め，これを薬包直径（単位は mm）で除したものを殉爆度と呼び，これで殉爆性能を表している．すなわち，殉爆度$=S/$（薬包直径）である．

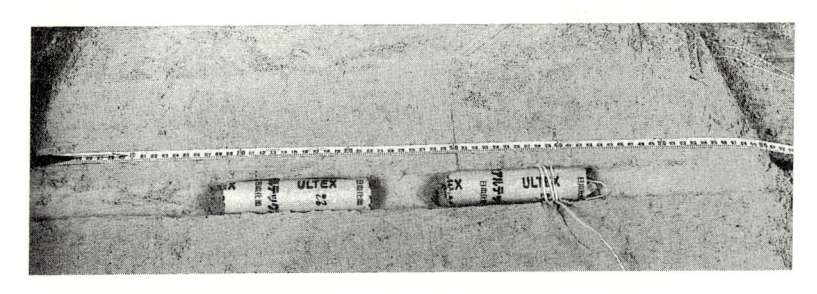

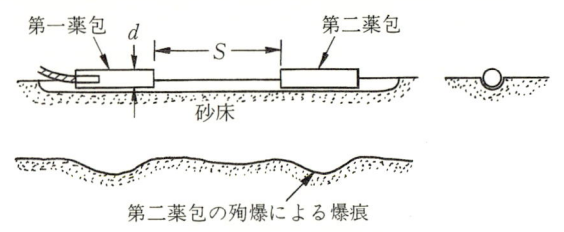

図 13.14 砂上殉爆試験法とその結果の一例[5]
[写真：日本化薬株式会社提供]

なお，第2薬包が爆発したか否かは砂上に発生する爆痕によって判定する．

13.3.3 カードギャップ試験

カードギャップ試験（card gap test）は起爆する爆薬と試験爆薬との間にメタアクリル樹脂板を挟み，衝撃波のみによる起爆感度を測定する試験である．すなわち，内径 31 mm，外径 38 mm，長さ 50 mm の硬質塩化ビニール管に試験爆薬を詰めて鋼板上に立て，その上に大きさが 50 mm×50 mm で厚さが 5 mm または 10 mm のメタアクリル樹脂板を数枚重ねて置き，さらにその上に内径 31 mm，外径 38 mm，長さ 30 mm の硬質塩化ビニール管にペントライト（PETN 50：TNT 50）を溶填したものを置く．このペントライトを6号雷管で起爆し，メタアクリル樹脂板を介して試験爆薬を衝撃し，この衝撃によって試験爆薬が爆発するかどうかを調べる試験である．

メタアクリル樹脂板を重ねて作ったカードギャップの長さを変化させて試験を行い，試験爆薬が3回とも爆発しない最小のギャップ長を試験結果として表示する．

13.3.4 爆轟起爆試験

爆轟起爆試験（detonation test）は試験爆薬が雷管1本で起爆するかどうかを調べる試験で鋼管試験，塩ビ雨どい試験，カートン試験，弱雷管試験があり，それらの方法は火薬学会規格で定められている．以下にこれらの試験法について説明する．

（1） 鋼管試験

鋼管試験には 28 mm 鋼管試験と 22 mm 鋼管試験がある．これらの方法は図 13.15 に示すように，それぞれの内径の鋼管内に試験爆薬を詰め，6号雷管を起爆させて試験爆薬が爆轟するかどうかを調べる試験であり，結果の判定は，試験爆薬が完爆し，鋼管が細かく破砕された場合を1級，完爆し，鋼管はすべて破砕されるが破片が大きい場合を2級，半爆し，鋼管の半分程度が破砕された場合を3級，鋼管の雷管付近にクラックが入るか，それとも鋼管が膨張した場合を4級，不爆の場合を5級とする．

28 mm 鋼管試験　　　22 mm 鋼管試験

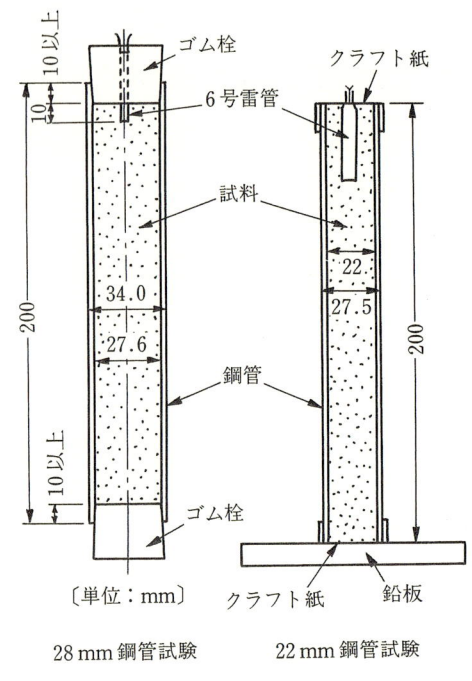

図 13.15　鋼管試験[1)]

（2）塩ビ雨どい試験

　この試験は硝安油剤爆薬（ANFO 爆薬）起爆感度試験の一つであって，昭和47年の通商産業省保安局通達第581号に起爆感度試験A法として規定されている試験方法である．この試験は図13.16に示すように，JIS A 5706 で規定されている硬質塩化ビニール雨どいを長さ13 cm に切ったもの2個を粘着テープなどでつなぎ合わせて直径6 cm，長さ13 cm の円筒形容器を作り，その中に試料爆薬を入れ，その一端に6号雷管を挿入して起爆し，3回とも他端に挿入してある判定用導爆線が爆発せずに残った場合を合格とする．

（3）カートン試験

　この試験も硝安油剤爆薬（ANFO 爆薬）起爆感度試験の一つであって，昭和47年の通商産業省保安局通達第541号に起爆感度試験B法として規定されている試験方法である．その方法は，図13.17に示すように，カップ原紙を用いて内径が8.5 cm，長さが16.5 cm の円筒容器を作り，その中に試料爆薬を

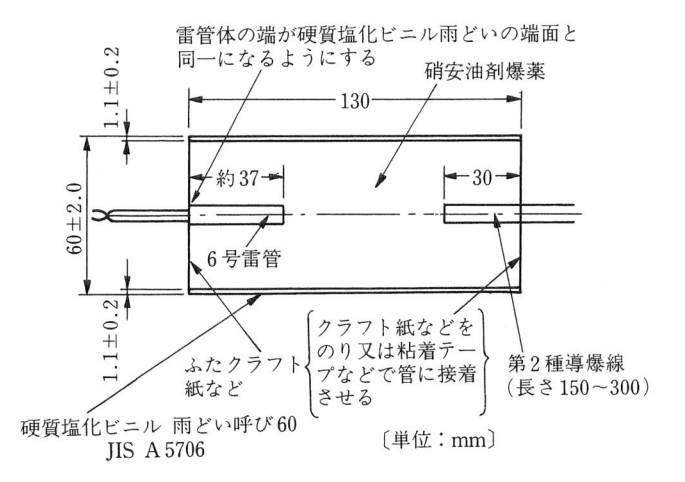

図 13.16　塩ビ雨どい試験法[1]

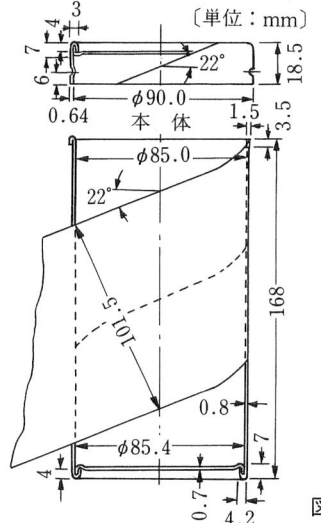

図 13.17　カートン試験の容器[1]

入れ，その一端に 6 号雷管を挿入し，軟らかい土または砂の上に直立させて置いて起爆する試験で，3 回とも起爆後に土または砂の上に試験爆薬が爆発したことを示す漏斗状の窪みが生じないものを合格とする．

（4）弱雷管試験

　この試験は 6 号雷管 1 本で完爆するような感度の高い爆薬について，これを

起爆し得る限界の起爆力を見出すための試験である．雷管の添装薬の量を6号雷管の0.4gから順次少くして試験を行い，3回試験して1回だけ爆発する添装薬の量の10倍の値を級として表示する．たとえば，添装薬の量が0.2gの雷管で3回試験して1回起爆すれば2級と表示する．

13.3.5　摩擦感度試験

摩擦感度試験（friction test）は摩擦係数の大きい固体の表面間に試料を挟んで加圧しながらすべらせ，爆薬が摩擦によって発火することの難易を判定する試験であって，その方法には移動速度を一定にしておいて加える圧力を変化させる方法と，圧力を一定にしておき移動速度を変化させる方法とがある．試験機の形式としてはラーツブルグ式，ドイツ材料研究所式，振子式，山田式などがある．わが国ではドイツ材料研究所式がJISに採用されている．

13.3.6　熱感度試験

発火点試験（ignition temperature test）や着火性試験（ignitability test）があり，着火性試験には導火線試験，セリウム鉄火花試験，小ガス炎試験，赤熱鉄棒試験，赤熱鉄鍋試験などがあり，それらの方法は火薬学会規格で規定されている．

（1）　発火点試験

鋼製るつぼを電気炉で所定の温度まで加熱し，それに試験爆薬20 mgを投入し，投入した瞬間から発火するまでの時間が4秒のときの温度を発火点温度とする．

（2）　着火性試験

（a）　導火線試験

試験爆薬約3gの表面を平らにし，それにJIS K 4808で規定されている第2種導火線（長さは10 cm）の一端が接するようにし，導火線の終末炎で試料が着火するかどうかを調べる．結果の判定は不着火，燃焼の持続しない着火，完全着火で判定する．

（b）　セリウム鉄火花試験

（a）と同じようにした試験爆薬に，図13.18に示したように，5 mmの距離

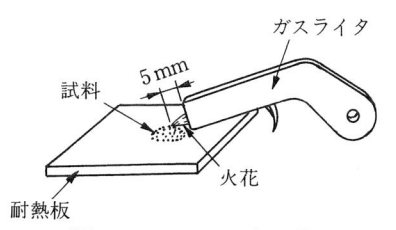

図 13.18　セリウム鉄火花試験[1)]

から鉄火花を吹きつけ，着火するかどうかを調べる．結果の判定は(a)と同じである．

（c）小ガス炎試験

図 13.19 に示すように，ブンゼンバーナからの長さ 20 mm，幅 5 mm の都市ガス炎またはプロパンガス炎の先端を試料に最大 10 秒まであてて着火するかどうかを調べる．結果の判定は(a)と同じである．

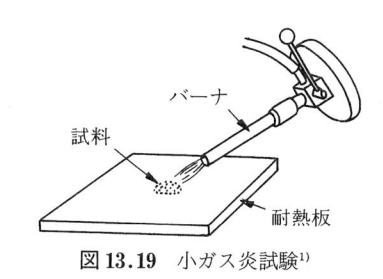

図 13.19　小ガス炎試験[1)]

（d）赤熱鉄棒試験

図 13.20 に示すように，0.1〜1 g の試料を耐熱板の上にのせ，直径 15 mm，長さ約 120 mm の鉄棒の先端を桜紅色（約 900 ℃）に赤熱し，これを最大 10 秒まで触れさせ，着火，爆発を判定する．判定は着火，鉄棒を取り去った場合の燃焼の持続性，爆発の有無で判定する．

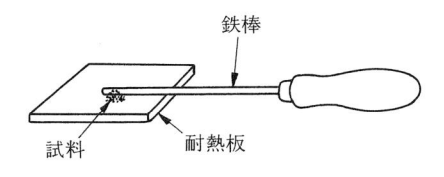

図 13.20　赤熱鉄棒試験[1)]

13.4 安定度

安定度は火薬類の貯蔵中の変質に対する抵抗性である．含水爆薬のように貯蔵中の変質によって爆薬としての性能を失っていくものに関してはあまり問題はないが，ダイナマイトのようにニトログリセリン，ニトログリコールやニトロセルローズなどの硝酸エステルを含んでいる火薬類は，その化学構造上，加水分解は避けられない．この自然分解は自己加速性があり，不純物の存在も分解を加速する．この自然分解は爆発に至ることもあり得る．したがって，火薬類取締法では下記のように安定度試験の実施を規定している．

安定度試験はゆるやかな分解変質の程度を調べて貯蔵中に発火・爆発の危険性が潜んでいないかどうかを判断するもので，試験法としては遊離酸試験，耐熱試験，加熱試験がある．

以下に，火薬類取締法と火薬類取締法施行規則の関係部分を記載する．

火薬類取締法

（安定度試験）
第36条　火薬類を輸入した者又はその製造後経済産業省令で定める期間を経過した火薬類を所有する者は，経済産業省令で定める方法により，その火薬類につき安定度試験を実施し，且つ，その結果を都道府県知事に報告しなければならない．

火薬類取締法施行規則

（安定度試験）
第58条　法36条第1項の安定度試験の方法は，次条から第61条までに定める遊離酸試験，耐熱試験および加熱試験とし，その区分は左表による．

火薬類の種類	実　施　区　分	
硝酸エステルおよびこれを含有する火薬または爆薬	製造後1年以上を経過したもの	年に1回遊離酸試験または耐熱試験を行うこと．
	製造後2年以上を経過したもの	製造年月日から2年を経過した月から3箇月ごとに1回耐熱試験を行うこと．
	製造年月日不明のもの	入手後直ちに耐熱試験を行い，当該試験日から，2箇月ごとに1回耐熱試験を行うこと．

以下にこれらの試験法を簡単に説明する．

13.4.1 遊離酸試験

遊離酸試験（free acid test）は常温において試料火薬または爆薬とともに密封された青色リトマス試験紙が赤色に変色するまでの時間を測定して判断する．

すなわち，図 13.21 に示すように，円筒ガラス容器に薬包から取り出した試料爆薬を容器の 3/5 まで入れ，青色リトマス試験紙（10 mm×40 mm）を吊るして密封し，そのまま放置する．試験紙全面が赤変するまでの時間を測り，これを遊離酸試験時間とする．

保存試験の合格基準は下記のとおりである．

硝酸エステルおよびこれを含む火薬：6 時間以上

硝酸エステルを含む爆薬：4 時間以上

硝酸エステルを含まない爆薬がこの試験で 4 時間以内に赤変した場合にはそれだけで不合格とせず，さらに加熱試験を行って合否を判定する．

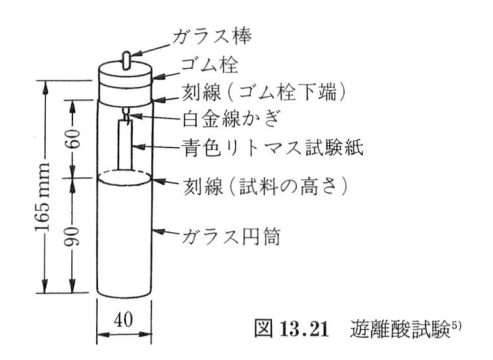

図 13.21 遊離酸試験[5)]

13.4.2 耐熱試験

耐熱試験（Abel test または heat test）は硝酸エステルおよびこれを含有する火薬類に対して適用される．この試験法の原理は，試料を一定温度で加熱し，分解生成するごく微量の NO_2 をヨウ化カリウム澱粉紙の変色によって検出する．

試験に際しては図 13.22 に示した試験管に次に示す要領で試料を入れる．

（1） 膠質ダイナマイトでは，3.5 g を乳鉢に取り，精製滑石粉を 7 g 加え，木製乳棒で静かにしかも完全にすり混ぜたものを入れる．

（2） その他のダイナマイトおよび爆薬では乾燥品はそのまま，吸湿品は 45 ℃で 5 時間乾燥して，3.5 g 入れる．

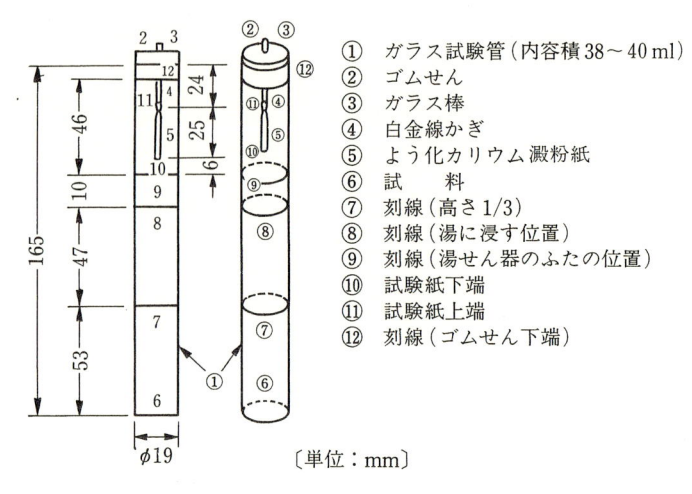

① ガラス試験管（内容積 38～40 ml）
② ゴムせん
③ ガラス棒
④ 白金線かぎ
⑤ よう化カリウム澱粉紙
⑥ 試　料
⑦ 刻線（高さ 1/3）
⑧ 刻線（湯に浸す位置）
⑨ 刻線（湯せん器のふたの位置）
⑩ 試験紙下端
⑪ 試験紙上端
⑫ 刻線（ゴムせん下端）

〔単位：mm〕

図 13.22　耐熱試験[1]

（3）ニトロセルローズでは乾燥品はそのまま，吸湿品は常温で真空乾燥機などにより十分乾燥させて試験管の高さの 1/3 に相当する高さまで入れる．
（4）火薬では粒状品はそのまま，その他のものは細片状にしたものを，試験管の高さの 1/3 に相当する高さまで入れる．

　このようにして，試料を試験管に入れた後，図 13.22 に示すように，ゴム栓につけられた吊るしかぎに，ヨウ化カリウム澱粉紙をかけ，その上半分を蒸留水とグリセリンとの等容積混合液を 1 滴落として湿らせて，直ちにこのゴム栓で試料を入れた試験管の口を封じ，この試験管を図 13.22 に示した⑧の刻線が湯煎器の湯面と一致するようにして温度 65 ℃の湯に浸ける．その時から，ヨウ化カリウム澱粉紙の乾湿境界部が標準色紙と同一濃度に変色するまでの時間を測定し，この時間を耐熱試験時間とする．耐熱試験時間が 8 分以上のものを合格とする．

13.4.3　加熱試験

　乾燥試料約 10 g を円筒形のガラス製秤量瓶に入れて精秤した後，75 ℃の乾燥容器内に 48 時間静かに放置し，再び精秤して減量を求める．減量が 1/100 以下ならば，良品とみなす．

13.5 検定爆薬試験

検定爆薬試験（testing method for permitted explosives）は，図13.23に示すように，直径1.52 m，長さ3.67 mの鋼板製爆発室の一方の端に直径56 cm，長さ150 cmの鋳鉄製円柱の中心軸にそって，直径5.5 cm，長さ120 cmの装薬孔を作った試験装置を用いて，次のような試験を行う．

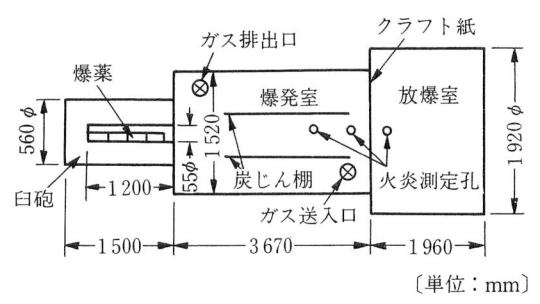

図 13.23 坑道試験装置[5]

(1) ガス試験

爆発室内に9.0±0.3％の濃度のメタンガスを充満させ，装薬孔内に400 gまたは600 gの薬包に6号雷管を挿入した爆薬を雷管が孔口側にくるように挿入し，これを起爆してメタンガスに着火するかどうかを調べ，10回連続不着火のものを合格とする．

(2) 炭じん試験

炭じん約1.5 kgを爆発室内に設けられた4個の棚の上に均等に散布したのち，(1)に示したガス試験の場合と同様にして400 gまたは600 gの爆薬を装薬孔内で起爆し，5回連続不着火のものを合格とする．

上記の(1)，(2)の試験に合格したものを400 g検定爆薬または600 g検定爆薬という．

さらに，600 g検定爆薬試験に合格した爆薬について，雷管を孔底側に配置して起爆する400 g逆起爆試験および浮遊炭じん試験を実施し，これに合格したものをEq.S-Ⅰ爆薬と呼び，さらにこの試験に合格したものについて，図13.24に示すような溝切臼砲を爆発室内に置き，溝に300 gの爆薬を置いてガス試験および浮遊炭じん試験を実施し，これに合格したものをEq.S-Ⅱ爆薬という．

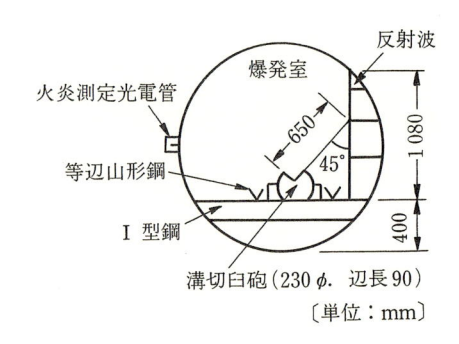

図 13.24　溝切臼砲試験装置[5]

演習問題

13.1 落つい感度が4級の爆薬と6級の爆薬とではどちらが鋭敏か．
13.2 殉爆度が3の爆薬と殉爆度が5の爆薬とではどちらが鋭感か．
13.3 耐熱試験は火薬類の何を調べるための試験か．
13.4 弾動振子試験は火薬類の何を調べるための試験か．

引用・参考文献
1)　火薬学会規格（Ⅳ）（感度試験法），（社）火薬学会，1996年．
2)　佐々宏一，G. Larocque；工業火薬協会誌，27巻，1966．
3)　伊藤一郎，若園吉一，佐々宏一，中野雅司，小川輝繁，村主周治；工業火薬協会誌，32巻，1号，1971．
4)　若園吉一，佐藤忠五郎，佐々宏一，中野雅司，小川輝繁；工業火薬協会誌，32巻，1号，1971．
5)　工業火薬協会編；「火薬ハンドブック」共立出版，昭和62年5月．

14. 電気雷管の点火方法および電気点火用機器

14.1 点火方法
14.1.1 概 要

　通常の電気雷管は12.5節で示したように，電橋に電流を流してこれを加熱し，それによって点火薬を発火させてそれに接している起爆薬を起爆する．この場合，点火薬を発火させ得る最小の電流（最小点火電流）は直流でほぼ350 mAであるが，図14.1に示すように，電流を流した瞬間から点火薬が点火するまでの時間は電流が小さいほど長くなり，かつ，そのばらつきも大きくなる．

　電気雷管を点火する場合には，雷管1個のみを点火するということはあまりなく，多数の雷管を同時に点火する発破が実施される．したがって，多数の電気雷管を同時に点火する場合には最も点火感度が高い雷管の電橋が切断されるまでにすべての雷管の点火薬が点火していなければならない．そのためには少なくとも1.5 A以上の電流を電橋に流す必要がある．

　一度に点火する雷管の総数がほぼ80個以下の場合には，図14.2に示すよう

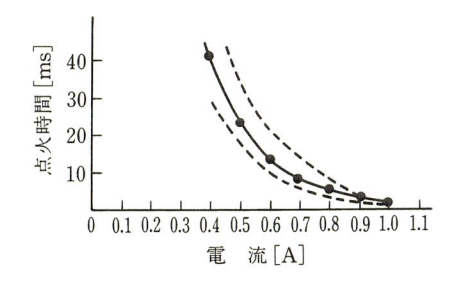

図14.1　通電から点火薬が点火するまでの時間と電流の大きさとの関係[1]

図 14.2　直列結線

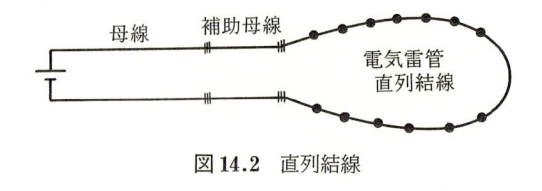

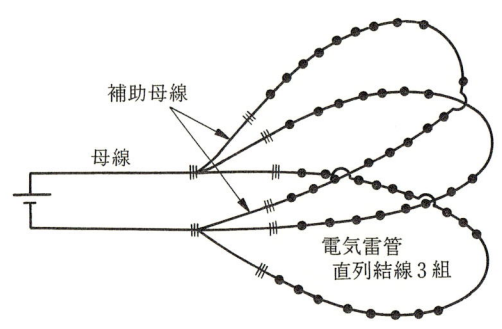

図 14.3　直並列結線

に，雷管を全部直列に結線して点火する．これを直列結線と呼ぶ．総数が80個以上の場合には図 14.3 にその概念図を示したように，40〜60 個の電気雷管を直列に結線したものを並列につないで点火回路を作った方が大きな点火電流を電気雷管に流すことができる．この結線を直並列結線と呼ぶ．ただし，章末の演習問題で示すが，このような直並列結線を採用すると電気雷管に流れる電流の値は大きくなるが，コンデンサ式発破器を用いる場合には点火に必要なエネルギーの安全率が低下する．直並列結線の場合には直列に接続する雷管の個数はできるかぎり同じ数にしなければならない．また，直並列結線を採用すると，点火回路内に生じている異常が点火回路の電気抵抗の値に及ぼす影響が小さくなるので，点火に先だって点火回路の異常の有無を調べるための抵抗測定の際には，より正確に抵抗値を測定するとともに，その値を詳細に吟味する必要がある．

　図 14.2 と図 14.3 に示したように，電気雷管の点火には発破母線と補助母線が必要である．

　発破母線とは，点火電流を送る安全な場所（発破器が置かれている場所）から発破現場の近くで発破による飛び石の影響を受けない場所までの間の電線で，

繰り返し利用されるから丈夫な電線でなければならない．発破母線には，通常，抵抗値が10〜20 Ω/km のキャプタイヤケーブル（2芯）か，丸型の丈夫な2芯ビニール被覆銅線が用いられる．

補助母線は，発破母線から雷管の脚線までの間とか，脚線と脚線とがつなげない場合にその間をつなぐために利用される電線であり，多用されているものは，線径が 0.5 mm 程度のビニール被覆の単線であり，1 m あたりの抵抗値は約 0.1 Ω である．

14.1.2　点火回路の検討

さて，上記のように，直列に接続した多数の電気雷管を確実に起爆するためには通電と同時に最高値に達するような波形の点火電流を 1.5 A 以上点火回路に流さなければならない．そのためには，点火に先だって点火回路の抵抗の値と，どのような大きさの電圧が必要であるかなどをあらかじめ知っておく必要がある．

基礎となるのが次に示すオームの法則である．

$$V = I \times R$$

ここに，V は電圧（ボルト［V］），I は電流（アンペア［A］），R は抵抗（オーム［Ω］）である．

まず，図 14.2 に示したような直列結線の場合について考える．電気雷管の総数を n，電気雷管1個の抵抗を r，発破母線の抵抗を R_B，補助母線の抵抗を R_H とすると，この点火回路全体の抵抗 R は，

$$R = (n \times r) + R_B + R_H$$

となるから，電流 I ［A］を発破母線に流すために必要な電圧 V ［V］は，

$$V = I \times \{(n \times r) + R_B + R_H\}$$

となる．直列結線の場合には発破母線を流れる電流がすべて雷管部に流れるので，I の値として 1.5 A 以上，安全を見込んで，その2倍以上の値を見込めばよい．

図 14.3 に示したような直並列結線の場合には，それぞれの直列回路の抵抗を R_1, R_2, R_3 とすると，それらを並列に接続した回路の抵抗 R_P は，

$$\frac{1}{R_P} = \frac{1}{R_1} + \frac{1}{R_2} + \frac{1}{R_3}$$

となる．したがって，それぞれの直列回路の抵抗が等しく，その値が R_S である直列回路を m 本並列に接続した回路の抵抗 R_{Pm} は，

$$R_{Pm} = \frac{R_S}{m}$$

となる．

　直並列結線を用いて雷管を点火する場合には，それぞれの並列回路に接続される雷管の数は可能な限り同じとせねばならない．そこでここでは，すべての並列回路に接続されている雷管の数は等しいと考え，その数を n_P，補助母線の長さも等しいと考えてその抵抗を R_{HH} とする．並列回路の数を m とすると，並列部分の回路の抵抗 R_P は，

$$R_P = \frac{(r \times n_P) + R_{HH}}{m}$$

となる．したがって，電流 I [A] を発破母線に流すために必要な電圧 V [V] は，$V = I \times (R_P + R_B)$ となる．直並列結線の場合には，発破母線に流れた電流は，雷管部が並列結線されているので，そこで分岐し，電気雷管には発破母線に流れた電流の $1/m$ しか流れない．したがって，発破母線には $1.5 \times m$ [A] 以上，安全を見込んで，その2倍以上の電流が流れるようにすればよい．

　点火回路に電流を流すための電源としては直流電源が好ましいが，高圧，大容量の直流電源は簡単に得られないので，一般には次節で説明するように，高圧低容量の直流電源を用いて大容量のコンデンサを充電し，コンデンサに蓄えられた電荷を点火回路を通して放電させるという方式の発破器を用いて点火さ

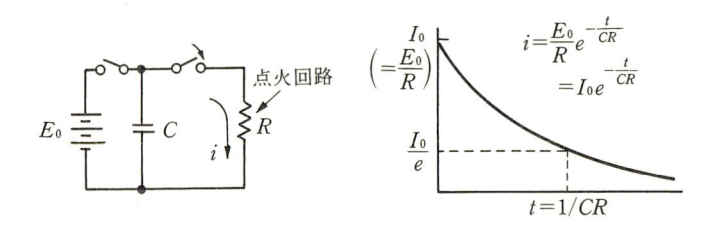

図 14.4　点火回路に流れる電流

れる場合が多い．この場合には点火回路に流れる電流は，図14.4に示すように，時間とともに変化する．したがって，この形式の発破器を用いる場合には，雷管に流れる尖頭電流の値（I_0/m，m は並列数，ただし m 本の直列回路の抵抗は同一とする）だけについて検討するのではなく，コンデンサに蓄えられているエネルギーがすべての雷管を点火するために十分な量であるかを検討しておく必要がある．

いま，容量 C [F] のコンデンサに充電し，その両極間の電圧が V [V] になったとすると，そのコンデンサに蓄えられているエネルギー P [W・s] は，
$$P = C \cdot V^2/2 \tag{14.1}$$
となる．

一方，1本の電気雷管を点火するのに要するエネルギーは 10 mW・s あれば十分であると考えられている．したがって，n 個の電気雷管を点火する場合には $0.01 \times n$ [W・s] 以上のエネルギーが雷管部分に流れるようにしなければならない．

まず，n 個の雷管を直列結線した場合について検討する．点火回路全体の抵抗 R は，$R = (n \times r) + R_B + R_H$ であるから雷管部分に流れるエネルギー P_R は，
$$P_R = P\left(\frac{n \times r}{R}\right)$$
となる．したがって，P_R の値が $0.01 \times n$ [W・s] 以上でなければならない．

次に，直並列結線の場合について検討する．先に示したように，それぞれの並列回路に直列につながれる雷管の数は可能な限り等しくすることが原則であるから，簡単にするために，それぞれの並列回路につながれた雷管の数は等しく n_P 個とし，補助母線の抵抗も等しく R_{HH} とする．この回路を m 本並列に結線した直並列結線について考える．雷管の総数 n は $n_P \times m$ である．この並列回路部分の抵抗 R_P は，
$$R_P = \frac{(n_P \times r) + R_{HH}}{m}$$
となり，点火回路の全体の抵抗 R は，$R = R_P + R_B$ となる．

したがって，並列部分に流れるエネルギー P_H は，$P_H = P(R_P/R)$ となるの

で，雷管部分に流れるエネルギー P_R は，

$$P_R = P_H \frac{n_P \times r}{(n_P \times r) + R_{HH}}$$

となる．したがって，この P_R の値が $0.01 \times n$ [W·s] 以上でなければならない．

[**例題 14.1**] 放電電圧が 600 V，コンデンサ容量が 8 μF の 100 発掛け発破器（図 14.5 に示した A-100-A 型）を用いて 50 本の電気雷管を直列結線して点火したい．使用する電気雷管は脚線長が 2.4 m のもので，その抵抗値は 1.28 Ω である．発破母線には芯線の抵抗値が 15 Ω/km の 2 芯のキャプタイヤケーブルを 200 m 使用している．使用する補助母線（単芯）は，抵抗値が 0.1 Ω/m で，使用する合計の長さは 80 m である．電気雷管に流れる尖頭電流の大きさと，電気雷管部に流れるエネルギーは雷管を起爆するために必要なエネルギーの何倍あるかを求めよ．

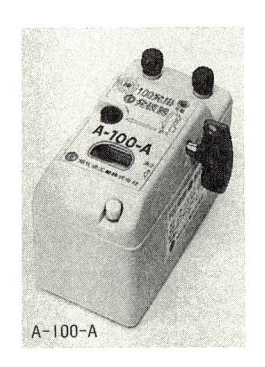

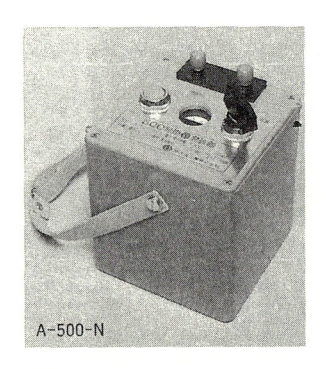

図 14.5　発破器の外観
[旭化成株式会社提供]

[**解**]　雷管部の抵抗は，$1.28 \times 50 = 64$ [Ω]
　　　　補助母線の抵抗は，$0.1 \times 80 = 8$ [Ω]
　　　　発破母線の抵抗は，$200 \times 2 \times 0.015 = 6$ [Ω]
　したがって，点火回路の全抵抗 R は，$R = 64 + 8 + 6 = 78$ [Ω]
　発破器の放電電圧 V が 600 V であるから，尖頭電流 I は，
$$I = (V/R) = 7.69 \quad [A]$$

となる．したがって，電気雷管を十分点火し得る電流が流れる．
　次に，発破器に蓄えられているエネルギー P は式 (14.1) より，
$$P = 8 \times 10^{-6} \times (600)^2 / 2 = 1.44 \quad [\text{W·s}]$$
となる．一方，電気雷管部に流れるエネルギー P_R は，
$$P_R = P \times \{(電気雷管部の抵抗)/(全抵抗)\}$$
$$= 1.44 \times (64/78) = 1.18 \quad [\text{W·s}]$$
となる．電気雷管 1 個を点火するのに要するエネルギーは $10\,\text{mW·s}$ $(0.01\,\text{W·s})$ であるから，50 個の雷管を点火するのに要するエネルギーは，$0.01 \times 50 = 0.5\,\text{W·s}$ となる．したがって，今回の点火回路の場合には，$1.18/0.5 = 2.36$，したがって，点火に必要なエネルギーの 2.36 倍のエネルギーが流れることになり，十分 50 個の電気雷管を点火し得ることがわかる．

14.1.3　結線に際しての注意事項

　トンネルなどの場合には，トンネル内に動力線や電灯線がある場合が多い．このような場合には，発破母線はこれらの電力線からできるだけ離して設置し，浸水を避けるために吊るすとともに，鉄柱などにも接触しないよう心がけることが肝要である．さらに，発破母線の先端は 2 本の銅線が接触しないように，芯線の長さを不揃いにしておくなどの配慮が必要である．発破母線の芯線と補助母線の接続，および，雷管の脚線と補助母線，雷管の脚線どうしの接続に際しては，接触抵抗を減少させるために，綺麗な銅線部分を確実に接続するとともに，接続箇所が溜まり水などに触れ，そこから電流が地面にリークしないように空中に浮かせるなどの配慮が必要であり，場合によっては絶縁用のビニールテープを用いて接続部分を保護する必要がある．電流がリークする箇所が 2 箇所以上ある場合には，点火電流の一部が点火回路外を流れるので，その間にある雷管に十分な点火電流が流れず，不発となる場合もある．さらに，接続箇所どうしが接触しないように，また，結線の状況を確認しやすいようにしておくなどの配慮も必要である．

14.1.4　電気点火に際しての確認事項と注意事項

（1）　導通確認
　結線が完了し，人員の退避完了などの安全が確認されたならば，専用の発破

回路テスターを用いて点火回路全体の抵抗を測定する．一方，あらかじめ発破母線の先端を短絡しておいて発破母線の抵抗値を測定しておき，その値とメーカーから示されている電気雷管1本の抵抗値，補助母線1mあたりの抵抗値を用いて，先に示した式を用いて点火回路全体の抵抗の値を計算で求めておく．この計算値と実測値とが等しければ，結線が正しく行われており，すべての雷管を起爆し得ることがわかる．もし，実測抵抗値の方が大きい場合には，結線箇所のどこかに接触不良があることを示しており，実測抵抗値の方が小さい場合には，脚線の接続部分が短絡しているか，接続箇所からリークしている可能性がある．測定値と実測値との間に10％以上の差がある場合には，点火を中止し，点火回路を再点検する必要がある．

（2） 漏洩（ろうえい）電流の測定

金属鉱床が存在する場所，送電線や電車が走っている線路の近くや電気設備の近くなどでは，地化学的に自然に発生する電流とか，レールなどから地下へ流れ込んだ漏洩電流が流れていることがある．漏洩電流の存在が懸念される場所では，漏洩電流検知器を用いて漏洩電流の大きさを測定し，その値が電気雷管の最小点火電流（約 350 mA）よりもかなり小さいことを確認しておく必要がある．

（3） 雷対策

落雷によって電気雷管が暴発した事故例はいくつか報告されている．したがって，雷が発生すれば直ちに結線作業を中止し，全員が避難せねばならない．雷が発生する可能性を検出する装置として，襲雷報知器（雷警報器）がある．

14.2 電気点火用機器

14.2.1 発破器

発破器とは電気雷管を点火するための電流を発生させる機器であって，発電式とコンデンサ式に大別できる．

発電式は直流発電機の回転子を人力で回転させ，発生した電流を直接電気雷管に流して雷管を点火する方式である．この方式は発生する電圧の大きさが発電機の回転子の回転数によって変動することや電流波形が良好でないことなどのために現在は使用されていない．

現在一般に広く用いられているのはコンデンサ式発破器であって，これは8〜50 μF 程度の大容量のコンデンサに電気エネルギーを蓄積しておき，これを電気雷管が接続されている回路に流して雷管を点火する方式である．この方式の場合には，電気雷管に流れる電流の波形も瞬時にして最高値に達する良好な波形である（図14.4参照）．コンデンサに充電する方法としては次のような方法がある．

1）低圧の乾電池（単一乾電池など）を用い，トランジスタ昇圧ユニットなどを用いて昇圧，整流して高圧の直流を作り，これを充電する．

2）電灯線などの交流電源（AC，100 V など）を用い，これを昇圧整流して充電する．

なお，炭鉱などでは検定を受けた安全発破器を使用しなければならない．

現在多数使用されている発破器は単一乾電池を2個から6個用いて，1）の方法で高圧直流を作る形式のものである．

図14.5は発破器の外観を示したものであって，左側の発破器は最大100個の雷管を起爆し得る能力をもっている炭鉱でも使用できる検定品であり，右側の発破器はその能力が最大500個の雷管を起爆し得る非検定の発破器である．

このように発破器には，JIS によってその算出法が定められている公称能力が明記されているとともに，採用した点火回路の場合に，それぞれの雷管に点火に十分な電流とエネルギーが供給されるかどうかを検討し得るように，放電電圧とコンデンサ容量がカタログに記載されている．

発破器は図14.5の写真に示されているように，その先端が特殊な形状をしているハンドルをさし込んで使うようになっており，そのハンドルは常に発破責任者が携行しており，そのハンドルがなければ発破器を操作できないようになっている．点火に際しては，ハンドルを回してコンデンサへの充電を開始させ，所定の電圧までコンデンサが充電されたことを確認してから，点火回路に電流を流さなければならない．

なお，電子遅延式電気雷管を使用する場合や電磁誘導による起爆方式を用いる場合には，上記の発破器ではなく，専用の発破器を使用せねばならない．

14.2.2 発破用テスター(抵抗計)と光電式テスター

先に示したように,電気点火を行う場合には必ず点火に先だって電気雷管を含む点火回路の導通試験を行い,回路の導通を確かめるとともに,その回路の電気抵抗を測定し,測定された抵抗値と計算で求めた点火回路の抵抗値との間に約10%以上の差が認められたときには,結線部にリークしている場所がないか,また,断線しかかっている箇所とか銅線の接続が不十分な場所はないかなど,点火回路を再点検する必要がある.

導通試験や抵抗測定を行う場合に点火回路に流す電流は安全のため10 mA以下でなければならない.市販されている発破用テスターはすべて短絡電流が10 mA以下になっている.したがって,導通試験や抵抗測定には必ず専用の発破用テスターを使用し,市販の一般用テスターなどを使用してはならない.図14.6は点火回路全体の抵抗測定(導通試験)に用いられる発破用テスターの外観を示したものである.

図14.7は電気雷管の導通を1本ごとに調べるために用いられる光電式テスターの外観を示したものである.この光電式テスターは雷管1本を鋼管内に入れ,その雷管の導通を調べるためにも利用されるので,短絡電流を1 mA以下に規制してある.

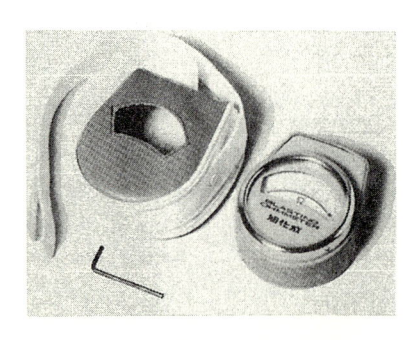

図14.6 発破用テスターの外観
[旭化成株式会社提供]

図14.7 光電式テスターの外観
[旭化成株式会社提供]

演習問題

14.1 放電電圧が 600 V，コンデンサ容量が 8 μF の 100 発掛けの発破器を用いて 100 本の電気雷管を直列結線して点火したい．使用する電気雷管の抵抗値は 1.28 Ω である．発破母線には芯線の抵抗値が 15 Ω/km の 2 芯のキャプタイヤケーブルを 200 m 使用し，補助母線（単芯）は，抵抗値が 0.1 Ω/m で，使用する合計の長さは 80 m である．電気雷管に流れる尖頭電流の大きさと，電気雷管部に流れるエネルギーは雷管を起爆するために必要なエネルギーの何倍あるかを求めよ．

14.2 ［問題 14.1］に示したのと同じ発破器，発破母線を用いて，100 本の雷管を点火するのだが，50 本の雷管を直列結線したもの 2 組を並列に結線する 50 本×2 の直並列結線にした場合に，電気雷管に流れる尖頭電流の大きさと，電気雷管部に流れるエネルギーは雷管を起爆するために必要なエネルギーの何倍あるかを求めよ．ただし，それぞれの直列結線部に使用する補助母線の長さは等しく 80 m とする．

14.3 放電電圧が 1300 V，コンデンサ容量が 30 μF の 500 発掛け発破器（図 14.5 に示した A-500-N 型）を用いて 180 本の雷管を点火したい．結線は 60 本の電気雷管と補助母線を直列結線したもの 3 組を発破母線に接続する図 14.3 に示したような直並列結線にする．使用する電気雷管は脚線長が 2.4 m のもので，その抵抗値は 1.28 Ω である．発破母線には芯線の抵抗値が 15 Ω/km の 2 芯のキャプタイヤケーブルを 200 m 使用している．使用する補助母線（単芯）は，抵抗値が 0.1 Ω/m で，直列結線部に使用する補助母線の長さはいずれも等しく 80 m とする．電気雷管に流れる尖頭電流の大きさを求めよ．

引用・参考文献
1) 工業火薬協会編，「新・発破ハンドブック」，山海堂，平成元年 5 月．

15. 発　　　破

15.1　概　　要

　発破設計に際しては爆薬の性能，岩石の性質，岩盤の状態，装薬孔の直径，装薬孔配置，希望する破砕の程度などを考慮して発破方法，それぞれの装薬孔に装填する爆薬量などを決定しなければならない．さらに，特殊な発破を実施する場合には発破による岩盤の破壊機構を理解したうえで発破設計を行わねばならない．しかしここでは，普通の発破を行う場合の最も簡単な発破設計法の基礎を示すことにする．なお，トンネル掘進発破の場合には装薬孔数も多くなり，その配置も複雑になるのでパソコンによる発破設計が行われており，それを基礎にして，現場の状況に応じてそれを修正するという手法が採用される場合もある．

　発破は破壊しようとする岩盤に穿孔しその内部に爆薬を装填して発破を行う内部装薬発破と，破壊しようとする岩石の表面に爆薬を置いて発破を行う外部装薬発破（はりつけ発破）とに大別できる．大きな転石や発破によって生じた大塊を小さくするための小割り発破と呼ばれている発破では，その大塊に穿孔して発破する場合もあるが，はりつけ発破が採用されることもある．しかし，このような場合以外はすべて内部装薬発破であるから，ここでは内部装薬発破の場合について説明する．

　図15.1に示すように装薬孔を穿孔し，孔内に薬包状の爆薬を順次，木製の棒（こめ棒と呼ばれている）を用いて装填するか，それとも装填機を用いて爆薬を装填し，一番孔口に近い場所に雷管がさし込まれている爆薬（親ダイと呼ばれている）を装填して起爆する方式を正起爆または口元起爆といっている．これとは逆に，図15.2に示すように，孔の一番奥に親ダイを挿入して起爆す

15.1 概　　要　111

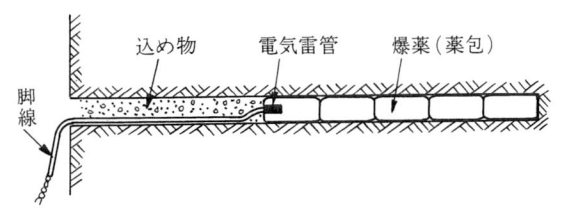

図 15.1 一般的な装薬，起爆方式（正起爆または口元起爆）[2]

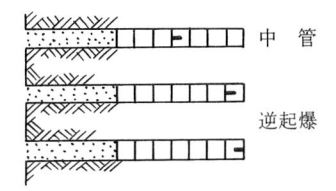

図 15.2 中管起爆と逆起爆（孔底起爆）[2]

る方式を逆起爆または孔底起爆，装薬のほぼ中央に親ダイを入れて起爆する方式を中管起爆と呼んでいる．親ダイとなる薬包に電気雷管を装着するときには，まず，孔あけ棒とも呼ばれている木製の棒を用いて薬包にちょうど雷管が入る大きさの孔を空け，そこに雷管を挿入した後，脚線を引っ張っても雷管が薬包から抜けないようにしておかねばならない．その一例を示したのが図 15.3 である．

孔内に爆薬が装填されると，粘土または砂が口元まで詰められる．これを込め物またはタンピングと呼んでいる．

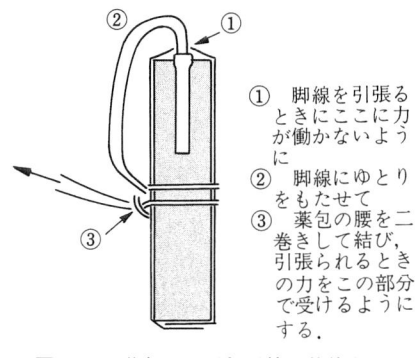

① 脚線を引張るときにここに力が働かないように
② 脚線にゆとりをもたせて
③ 薬包の腰を二巻きして結び，引張られるときの力をこの部分で受けるようにする．

図 15.3 薬包への電気雷管の装着方法[1]

内部装薬発破の場合には，一般に，破壊された岩石が押し出される面がある．この面を自由面と呼び，装薬から自由面までの最短距離を最小抵抗線の長さと呼んでいる．自由面が一つある発破は1自由面発破と呼ばれている．この形式の代表的な発破として，トンネル掘進発破の場合の芯抜き発破や盤打ち発破がある．自由面が二つある発破は2自由面発破と呼ばれ，これに属する代表的な発破として，トンネル掘進発破の払い発破やベンチカット発破がある．

以下順を追って装薬量の決定方法や代表的な発破法について簡単に説明する．

15.2　1自由面発破

図15.4に示すように，自由面が一つしかない場合には，装薬の中心から自由面までの最短距離が最小抵抗線の長さ W となる．この場合には一般に自由面に対して傾斜をもたせて装薬孔が穿孔される．この発破によって，図15.4に示したように円錐状に岩盤が破壊される．このように1自由面発破によって形成された円錐状の窪みをクレーターまたは漏斗孔と呼んでいる．いま，発生したクレーターの半径を R とすると，$W=R$ となった場合の装薬量 L を標準装薬，$R>W$ となった時は過装薬，$R<W$ となった時は弱装薬と呼んでいる．発生したクレーターが $W=R$ の形となった時の装薬量 $L\,[\mathrm{kg}]$ と最小抵抗線の長さ $W\,[\mathrm{m}]$ との間には，

$$L = C \cdot W^3 \tag{15.1}$$

という関係が存在することが今までの実験結果で明らかになっている．この式はハウザーの公式と呼ばれている．ここに，C は爆薬の性能，岩石および岩盤の強度および状態，タンピング（込め物）の状態，最小抵抗線の長さなどによって変化する係数で，発破係数と呼ばれている．なお，円錐の体積は $\pi \cdot R^2 W/3$

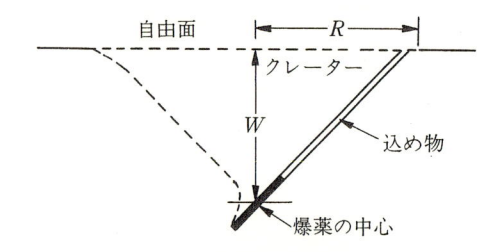

図15.4　1自由面発破

であるから，$W=R$ の場合の円錐の体積はほぼ W^3 となる．したがって，C の値は $1\,\mathrm{m}^3$ の岩盤を破壊するのに要する爆薬量とみなすことができる．

1自由面発破の場合には集中装薬としなければならないので，装薬長は穿孔長の1/3以下が好ましい．したがって，式（15.1）を用いて算出された装薬量を1本の装薬孔内に集中装薬として装填できない場合には，数本の装薬孔をその先端がほぼ同一の地点に集まるように穿孔し，これらの孔内に算出された装薬量を分散装薬するという方法が採用される．

典型的な1自由面発破であるトンネル掘進発破の際の芯抜き発破の場合にはこのような分散装薬が行われる．図15.5はトンネル掘進発破の装薬孔配置，起爆する遅発電気雷管の段数，装薬量などを示した図である．図に示した○印内の数字は遅発電気雷管の段数である．この図に示した発破パターンの中央の少し下に示されている相対する2本の装薬孔の先端がほぼ同一地点にくるように傾斜した装薬孔が3組穿孔してあるのが芯抜き発破用の装薬孔である．これらの装薬孔にこの芯抜き発破の最小抵抗線の長さに対して必要となる装薬量を

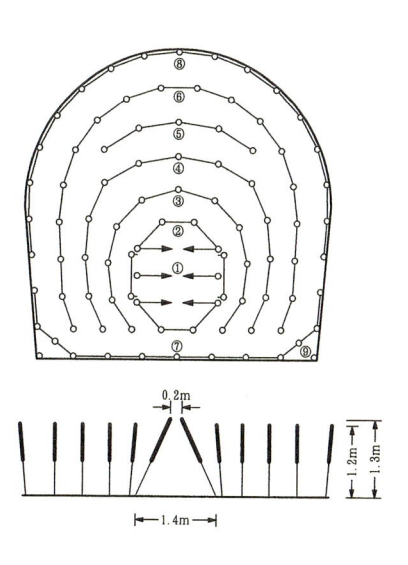

<諸元>
- 使　用　爆　薬 ／ ﾁﾀﾏｲﾄ 25mm×100g
- 断　　面　　積 ／ 29.27 m²
- 岩　　　　　質 ／ M. HARD [LOWER]
- 1 発破進行長 ／ 1.2 m
- 破　　砕　　量 ／ 35.12 m³
- 穿　　孔　　数 ／ 93
- 爆　薬　使　用　量 ／ 28.70 kg
- 1 m³ 当り爆薬使用量 ／ 0.82 kg/m³

雷管段数	穿孔数	装薬量 (kg)	
		1孔当り	小　計
①	6	0.40	2.40
②	8	0.30	2.40
③	11	0.30	3.30
④	13	0.30	3.90
⑤	5	0.30	1.50
⑥	18	0.30	5.40
⑦	13	0.30	3.90
⑧	17	0.30	5.10
⑨	2	0.40	0.80
合計	93		28.70

図 15.5　トンネル掘進発破の一例
［日本油脂株式会社提供］

分散装薬し，瞬発電気雷管（第1段）を用いて同時に起爆して芯抜き発破を行うという方式が採用されている．トンネル掘進の芯抜き発破の場合には確実に岩盤を破砕しなければならないので，岩石の単位体積あたりの爆薬量は岩盤の状態にもよるが，$0.8 \sim 1.8 \, \text{kg/m}^3$ 程度が用いられることが多い．

盤打ち発破とは，ほぼ水平な岩盤面を掘り下げるために利用される1自由面発破である．この場合には，岩盤にすでに亀裂が入っていることが多いので，$0.3 \, \text{kg/m}^3$ 程度の薬量でもよい．

発破振動や発破騒音が問題となる現場では弱装薬の盤打ち発破を行って岩盤に亀裂を入れ，しかるのち，リッパーによって岩盤を掘削するという予備発破工法が採用されることがある．この場合には，$0.1 \, \text{kg/m}^3$ 程度の薬量の発破が行われることが多い．

このように，発破は必ず標準装薬発破となるようにする必要はなく，目的に応じた破壊が得られるような装薬量で発破を行うことが肝要である．

15.3 2自由面発破

最も典型的な2自由面発破はベンチカット発破とトンネル掘進発破の払い発破である．

ベンチカット発破とは，図15.6に示すように，階段状の岩盤のほぼ水平な面からベンチの壁面に平行に数本の装薬孔を穿孔して発破する発破方法であり，装薬孔が1列だけの場合もあるが，図15.7に示したように，ベンチ壁面に平行に数列の装薬孔を穿孔し，遅発電気雷管を用いて順次発破する多列発破もある．図15.7に示した2列発破の場合には，図に示すように，第1列の3孔が瞬発電気雷管で起爆され，第1列の残りの3孔が2段MS雷管で，後列の3孔が3段のMS雷管で，後列の残りの2孔が4段のMS雷管で起爆されている．

2自由面発破の装薬量 L の算出には次式が用いられる．

$$L = C \cdot W \cdot S \cdot H \tag{15.2}$$

ここに，S は穿孔間隔，H はベンチ高さである．穿孔間隔 S は最小抵抗線 W の0.8倍～1.4倍程度に取られることが多い．この比率を小さくすると，切り取られる壁面はなめらかになるが大塊が発生しやすく，大きくすると壁面

15.3 2自由面発破　115

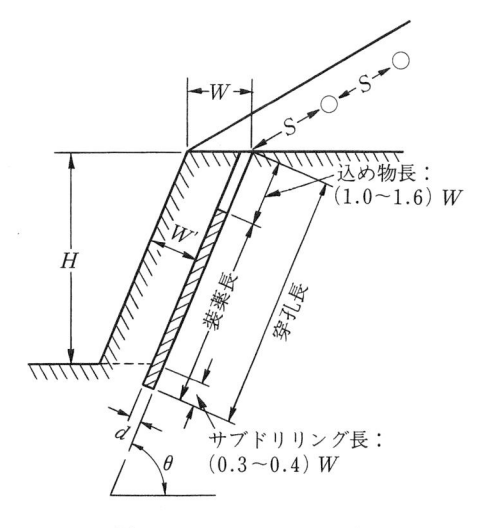

図15.6 ベンチカット発破

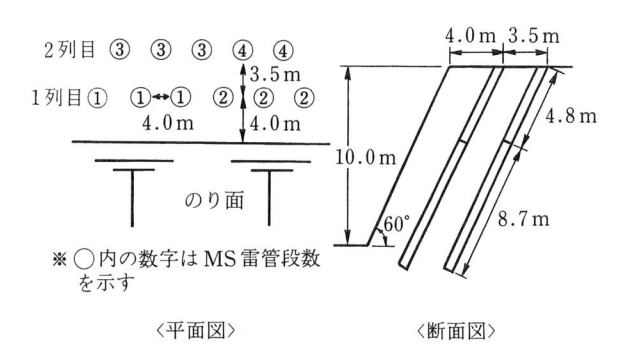

図15.7 多列ベンチカット発破の一例

のなめらかさは悪くなるが破砕岩の粒度は小さくなり粒度がそろう傾向になる．一般的には $W=R$ である．図15.6の場合には，正確には W' が最小抵抗線の長さとなるが，ベンチの傾斜角 θ は60〜90°程度が多いので，図に示した W が式 (15.2) の W として用いられることが多い．

　込め物長（タンピング長さ）は最小抵抗線長の1.0〜1.5倍が好ましい．これが短いと穿孔を行ったベンチの上面にも破壊が発生する，いわゆる，バックブレイクが生じ，逆に長いと大塊が発生する．

図 15.6 に示すように，ベンチカット発破の場合にはベンチの下の面（レベル）より最小抵抗線の長さの 0.3〜0.4 倍の長さだけ装薬孔を掘り下げておく必要がある．これをサブドリリングといい，掘り下げる長さをサブドリリング長さという．

ベンチカット発破の場合の発破係数 C の値を表 15.1 に示す．表 15.1 に示すように，C の値は 0.1〜0.4 kg/m^3 程度であり，通常の爆薬の装填密度は 0.80〜1.3 程度である．

表 15.1 ベンチカット発破の場合の発破係数(C)の値 [kg/m^3]

	含水爆薬	硝安油剤爆薬
軟 岩	0.1〜0.2	0.2〜0.3
中硬岩	0.2〜0.3	0.3〜0.4
硬 岩	0.3〜0.4	0.4 以上

ベンチカット発破の場合には，ベンチ高さ H が決まっておれば，タンピング長さなどの上記の条件を満足させねばならないから 1 本の装薬孔に装填し得る装薬量 L は装薬孔径で決定されることになる．したがって，逆に最小抵抗線の長さ W も装薬孔径 d で決まることになる．一般にベンチカット発破の場合の最小抵抗線の長さは，軟岩の場合は穿孔するビット径の 45〜60 倍，中硬岩の場合は 40〜55 倍，硬岩の場合は 30〜45 倍になることが多い．

ベンチカット発破の場合には，発破によって破砕された破砕岩が堆積する高さがベンチ高さの 80％程度，飛び出し距離がその発破の穿孔位置からベンチ高さとほぼ同じぐらいになる発破が適切な装薬量の発破とみなされる．

トンネル掘進発破の場合には，図 15.5 に示したように，瞬発電気雷管（第 1 段）で起爆される中心部の芯抜き発破によって楔状のクレーターが生成されるから，このクレーターの面が第 2 段の遅発雷管による発破の自由面になり，さらにこの発破で生成した破断面が次の段の遅発雷管による発破の自由面になる，というように，順次トンネル断面が切り広げられていく．図 15.5 の場合には 1 m^3 あたりの薬量は，0.82 kg/m^3 となっている．なお，トンネルの最終壁面を作るための発破には，壁面をなめらかにし，かつ，壁面の岩盤を損傷し

ないように制御発破を用いる方がよい．

[例題 15.1] ベンチ高さ H が 10 m，ベンチの傾斜角が 70 度の中硬岩のベンチがある．クローラードリルを用いてビット径 75 mm で傾斜角 70 度の装薬孔を穿孔し，硝安油剤爆薬の流し込み装填で発破したい．なお，孔間隔 S は最小抵抗線長 W と同じとする．最小抵抗線長 W，および，1 孔あたりの装薬量 L を求め，ついで，どのようにして発破を行うかを示せ．

[解] 岩石が中硬岩なので，最小抵抗線長 W は，ビット径の 40～55 倍と考えられる．硝安油剤爆薬を用いるので，とりあえず，ビット径の 40 倍と仮定すると，$W = 0.075 \times 40 = 3$ m となるので，$W = 3$ m と仮定して検討を進める．サブドリリング長は $0.3～0.4\ W$ が必要であるから，1 m とする．

穿孔長 l は，
$$l = (H/\sin 70°) + 1 = (10/0.94) + 1 = 11.6\ [\text{m}]$$
タンピング（込め物）長さは，$1.0～1.5\ W$ 必要なので，4 m とすると，装薬の長さは $11.6 - 4 = 7.6$ [m] となる．したがって，装薬室の体積は，
$$\pi \times (0.0375)^2 \times 7.6 = 0.0336\ [\text{m}^3]$$
硝安油剤爆薬の流し込みなので，装填密度を 0.85 とすると，この装薬室内に装填し得る硝安油剤爆薬の量は，
$$0.0336 \times 0.85 = 0.0286\ [\text{ton}]$$
したがって，28.6 kg となる．$S = W$ なので，式 (15.2) は，$L = C \cdot W^2 \cdot H$ となる．C の値は表 15.1 より 0.3 を採用すると，L が 28.6 kg なので，$28.6 = 0.3 \times W^2 \times 10$，となり，$W = 3.088$ m となるので，最小抵抗線長が 3.1 m の発破を行えばよいことがわかる．

したがって，最小抵抗線長 3.1 m，孔間隔 3.1 m で，70 度で 11.6 m 穿孔し，その装薬孔内に硝安油剤爆薬を 28 kg 流し込むが，第 7 章で説明したように，硝安油剤爆薬を起爆するためには伝爆薬が必要である．この場合には硝安油剤爆薬の 1～2 % でよいので，含水爆薬 400 g に雷管を挿入した伝爆薬を孔内に入れた後，砂などを込め物として流し込み，発破を行えばよい．

15.4 制御発破

　発破によって切り取られた岩盤面をなめらかにし，かつ，切り取った後の岩盤を損傷しないようにするための発破として制御発破がある．制御発破では装薬孔径の1/2～1/3程度の細い薬径の制御発破用爆薬が用いられる．このように，装薬孔径よりも細い径の爆薬を装填することをデカップリング装薬と呼ぶ．制御発破には，スムースブラスティングと呼ばれる発破と，プリスプリッティングと呼ばれる発破がある．

　トンネルの最終壁面の仕上げにスムースブラスティングを用いている全断面トンネル掘進発破の発破パターンの一例を図15.8に示す．図の○印の中に書いてある数字が遅発雷管の段数であるが，この数字からもわかるように，第5段と第6段の遅発雷管を用いた発破によって形成された破断面（自由面）を利用して，●で示してある装薬孔に装填されている爆薬を第7段の遅発雷管を用いて爆発させるというスムースブラスティングが行われている．スムースブラスティングの場合には装薬孔間隔を最小抵抗線の長さよりも短くする必要があ

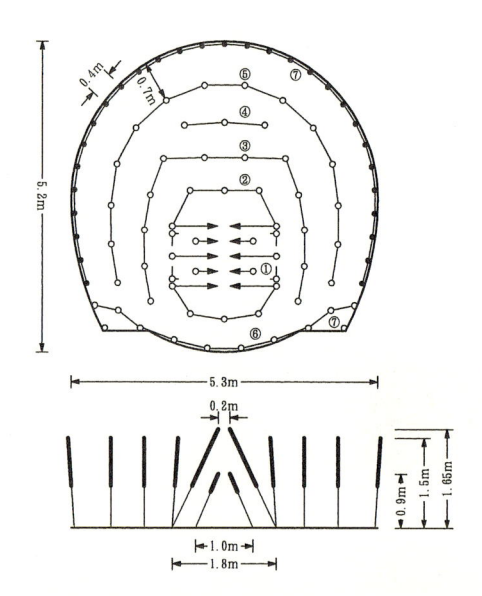

図 15.8 スムースブラスティングを用いたトンネル掘進発破の一例
　　　　［日本油脂株式会社提供］

り，一般には装薬孔間隔は最小抵抗線長の 60 ％程度である．図に示した例では，最小抵抗線長 70 cm，装薬孔間隔 40 cm となっている．このように，スムースブラスティングと呼ばれている制御発破では，デカップリング装薬されている爆薬の爆発によって岩盤を押し出す自由面が存在している．

一方，プリスプリッティングはのり面の最終仕上げなどに採用されることが多い．これは図 15.9 に示すように，最終壁面となる位置に穿孔された装薬孔にプリスプリッティング用の爆薬をデカップリング装薬し，本体の発破よりも先にこの装薬孔内の爆薬を爆発させ，最終壁面となる位置に亀裂を発生させる．ついで本体の発破が実施されるが，最終壁面にはすでに亀裂が入っているから，本体発破によって発生し，進展する亀裂はこのすでに発生している亀裂によってその進展が阻止されるので，本体発破によって最終壁面を超えて亀裂が入ることはない．図 15.10 はプリスプリッティングを利用して切り取ったのり面の

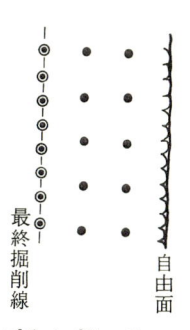

図 15.9 プリスプリッティング説明図

図 15.10 プリスプリッティングにより切り取られたのり面の写真
［旭化成株式会社提供］

写真の一例を示したものである．プリスプリッティングのために使用した装薬孔が半円状の断面の窪みとしてのり面上に規則正しく並んでおり，岩盤がプリスプリッティングによって発生した亀裂により切断されていることがわかる．

　上記のように，スムースブラスティングもプリスプリッティングも共に最終切り取り面に沿ってデカップリング装薬された発破孔が配置され，スムースブラスティングの場合には最終切り取り面の方に向かって順次岩盤が切り取られて行き，最後にデカップリング装薬された発破孔が起爆されて最終岩壁が形成される．一方，プリスプリッティングの場合には，まず，デカップリング装薬された発破孔を起爆して最終切り取り面に沿って亀裂を発生させ，しかる後，最終切り取り面までの岩盤を通常の発破によって破砕するという順序で発破が行われる．

　このような制御発破のための爆薬は火薬メーカー各社で製造されている．その外観を図 15.11 に示す．図に示すように制御発破用爆薬は直径 20 mm 程度，長さが 60 cm 程度の細長い合成樹脂フィルムの薬包に含水爆薬を詰めたものと，長さが 6 m 程度の長い合成樹脂フィルムのチューブに含水爆薬を詰めたものとがある．薬包形状のものは，継筒を用いて簡単につなぐことができる．

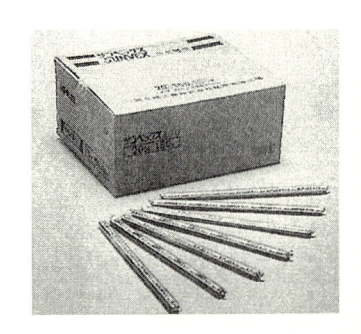

図 15.11　制御発破用爆薬の外観
[旭化成株式会社提供]

演習問題

15.1 芯抜発破では，数本の装薬孔をその先端がほぼ同一地点になるように穿孔されるのはなぜか．

15.2 装薬孔の直径よりも細い直径の薬包を装填する装薬方法は何と呼ばれているか．

15.3 発破によって切り取られた面を滑らかにし，かつ，その面近傍の岩盤に生成される亀裂をできるだけ少なくする発破にはどのような発破があるか．

引用・参考文献

1) 若園吉一，佐藤忠五郎：爆破付ANFO爆薬，鹿島研究所出版会，昭和40年2月．
2) 工業火薬協会編，「新・発破ハンドブック」，山海堂，平成元年5月．

16. 発破振動

16.1 概要

　発破振動の大きさは発破の実施に際して検討せねばならない重要事項の一つである．特に構造物や民家の近傍で発破を計画する場合には，計画段階から発破振動や発破騒音の影響につて検討し，悪影響がない発破が実施し得るような発破設計をせねばならない．

　発破振動の大きさや特性は，発破方法，薬量，爆薬の特性，発破地点の岩盤特性，発破地点と振動が問題になる地点との間の距離，地形および地下構造，振動が問題となる地点の地盤特性などの多くの要素が関係しておりかなり複雑である．一般的には，発破地点からの距離が遠くなるにつれて振動の大きさは小さくなり，振動継続時間は長く，卓越振動数は小さくなる．また，振動が問題となる地点の未固結層の厚さが厚いほど卓越振動数は小さくなる．

　発破振動による家屋などの構造物の被害の程度に関しては，地表粒子の振動速度の大きさが関係しており，振動の感覚的な大きさは振動レベルの大きさで決まる．しかし，発破振動の振動数は 8 Hz 以上である場合が多いので，発破振動の場合には人体感覚に対しても振動速度の大きさが関係するとみなしても差し支えない．

16.2　発破振動の振動速度最高値の予測

　一般化した最も簡単な発破振動の振動速度最高値の推定式は次のとおりである．

$$V_p = K \cdot r^{-2} \cdot W^{0.7} \tag{16.1}$$

ここに，V_p は発破振動の振動速度最高値 [cm/s]，r は発破の中心からの距

離 [m]，W は振動の大きさを規定している爆薬量 [kg] である．この W の大きさは重要であり，すべての爆薬を瞬発電気雷管で起爆する斉発発破の場合には爆発させる全薬量とし得るが，遅発電気雷管を用いて多数の装薬孔に装填されている爆薬を順次起爆する場合には複雑である．まず，MS 電気雷管を用いた段発発破の場合には，振動を予測したい地点が発破地点に近ければ段あたり薬量の最大値を W とし，予測したい地点がかなり遠ければ MS 電気雷管で起爆する全薬量を W とする．次に，DS 電気雷管を用いる段発発破の場合には，振動を予測したい地点が発破地点に近ければ，一般には DS 1 段の電気雷管で起爆される薬量が W になるが，同一の段番号の DS 電気雷管で起爆される装薬が 4 個以上ある段があり，かつ，その段の雷管で起爆される 1 個の装薬の薬量の 3 倍の方が DS 1 段の電気雷管で起爆される薬量よりも多い場合には，後者を W とする．さらに，発破地点から遠くなれば，段あたりの薬量の最大値が W となる．K は発破方法や岩盤の特性など多くの要素によって変化する係数であるが，ベンチカット発破の場合には，300〜400 の値となることが多く，トンネル掘進発破の芯抜発破の場合には，500〜1000 の値となることが多い．なお一般に，トンネル掘進発破の場合には芯抜発破による振動が最も大きくなる．

　以上に示した発破振動の予測方法は最も簡単なものであるから，より正確に発破振動を予測するためには発破地点で試験発破を行い，それによって振動が問題となる地点に発生する振動を測定し，式 (16.1) にその値を代入して K の値やその他の係数の値などを求めるという方法を用いねばならない．

　発破振動が家屋などの構造物に与える影響は振動速度の最高値によって決まるから，上に示した方法によって振動速度の最高値を予測し，被害が発生しないような発破を設計すればよい．しかし，人間に対する影響について検討するためには，振動規制法で定められた振動（補正加速度）レベルを予測せねばならない．

16.3　発破振動の振動レベルの予測

　住民に対する発破振動の影響を検討する場合には振動レベルを予測せねばならない．

振動レベルは次の式で示される．

$$\text{振動レベル} = 20 \cdot \log_{10}(A/A_0) \quad [\text{dB}] \tag{16.2}$$

ここに，A は鉛直振動の振動加速度実効値 $[\text{m/s}^2]$，A_0 は振動の振動数 f [Hz] によって次に示す値となる[1]．

$1\,\text{Hz} \leqq f \leqq 4\,\text{Hz}$ のとき $A_0 = 2 \times 10^{-5} f^{1/2}$

$4\,\text{Hz} \leqq f \leqq 8\,\text{Hz}$ のとき $A_0 = 10^{-5}$

$8\,\text{Hz} \leqq f \leqq 90\,\text{Hz}$ のとき $A_0 = 0.125 \times 10^{-5} f$

連続正弦振動の場合には，振動加速度実効値 $A\,[\text{m/s}^2]$ と振動速度実効値 $V_\text{rms}\,[\text{cm/s}]$ との間には，

$$A = 2\pi f \cdot V_\text{rms} \times 10^{-2} \quad [\text{m/s}^2] \tag{16.3}$$

という関係があり，さらに，発破振動の主要振動数は非常に特殊な場合を除けば，$8\,\text{Hz} \leqq f \leqq 90\,\text{Hz}$ という条件を満足している．したがって，式 (16.2) に示した A/A_0 は次のようになる．

$$\frac{A}{A_0} = \frac{2\pi f \cdot V_\text{rms} \times 10^{-2}}{0.125 \times 10^{-5} f}$$

$$= \frac{V_\text{rms}}{2 \times 10^{-5}} \tag{16.4}$$

さて，振動速度の実効値は振動が連続正弦振動である場合には，振動速度の最高値（この場合には振幅）の $1/\sqrt{2}$ になるので，振動が連続正弦振動である場合の振動速度最高値を $V_{cp}\,[\text{cm/s}]$ とすると，振動数が $8\,\text{Hz}$ から $90\,\text{Hz}$ の間にある連続正弦振動の振動レベル $L_{vc}\,[\text{dB}]$ は式 (16.2) と式 (16.4) より，

$$L_{vc} = 20 \cdot \log_{10} V_{cp} + 91 \quad [\text{dB}] \tag{16.5}$$

となる．

しかし，発破振動のように振動継続時間が短く，かつ，振幅が時間と共に変化する振動の場合には，実効値は振動最高値（振幅）の $1/\sqrt{2}$ とはならず，実効値を求める積分時間の長さによって変化し，たとえ振幅最高値が等しくても実効値の値は変化する．

発破振動の例として，石灰石採掘発破によって発生した発破振動の実測結果を以下に示す[2]．発破はベンチカット発破であり，1孔あたりの装薬量は硝安

油剤爆薬 50 kg である．まず 5 孔の斉発発破によって，発破地点から 140 m の位置の水平な岩盤上に発生した発破振動の垂直成分の波形を図 16.1 に，この発破によって，水平距離が 1050 m，標高差が 380 m 離れた位置の地盤上に発生した発破振動の垂直成分の波形を図 16.2 に示す．これらの図に示した波形から，発破地点から遠くなるにつれて振動の継続時間は長くなり波形も複雑になることがわかる．次に同じ現場で，第 1 列の 5 孔を瞬発電気雷管で，第 2 列の 4 孔を延時秒時が 0.25 秒の DS 2 段の DS 電気雷管を用いて起爆する 2 列のベンチカット発破を実施した時に，上記の 2 地点で測定した発破振動波形を図 16.3 および図 16.4 に示す．これらの図より，DS 発破による振動波形は，発破地点に近い場所ではそれぞれの段の爆発による振動が分離しているが，距離が遠くなると分離しなくなり段間隔ぶんだけ振動の継続時間が長くなることがわかる．

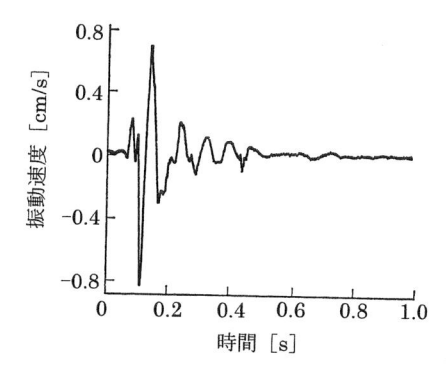

図 16.1 斉発発破による爆源近傍の岩盤上の振動波形

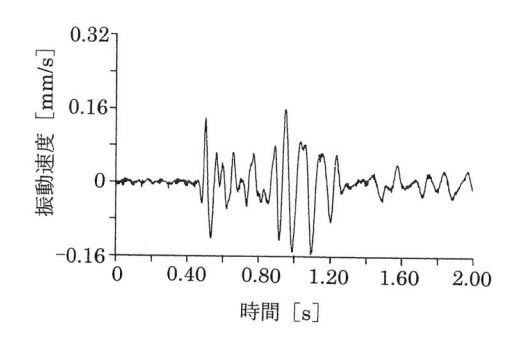

図 16.2 斉発発破による爆源からかなり離れた位置の地盤上の振動波形

126   16. 発破振動

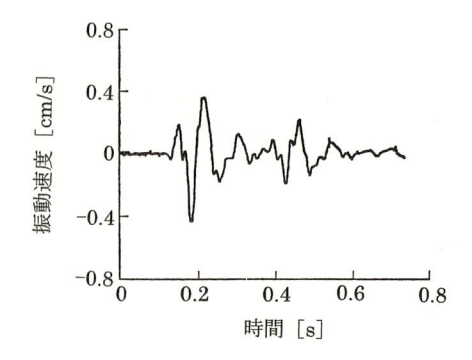

図 16.3 DS 発破による爆源近傍の岩盤上の振動波形

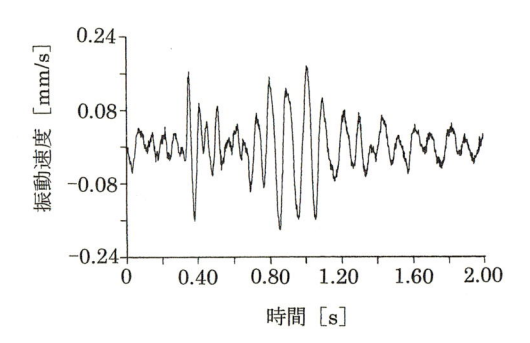

図 16.4 DS 発破による爆源からかなり離れた位置の地盤上の振動波形

　そこで，振動継続時間が短い振動の振動レベルについて検討するために，JIS C 1510 を満足している振動レベル計に振動継続時間が異なる 40 Hz の正弦波を入力し，振動継続時間の長さによって振動レベルの値がどのように変化するかを調べた結果を示したのが図 16.5 である[3]．図の縦軸の振動レベル差とは，継続時間が短い正弦振動の振動レベルとその振動と振幅が等しい連続正弦振動の振動レベルとの差である．図 16.5 より，振動継続時間が 2 秒より短くなれば，たとえ正弦振動でもその振動レベルは連続正弦振動の振動レベルよりも小さくなることがわかる．さらに，継続時間が短い振動が次々と到達する場合を想定し，振動継続時間が 0.14 秒，振動が繰り返し到達する時間間隔が 0.6 秒の 40 Hz の正弦振動を振動レベル計に入力して，振動レベルがどのように変化するかを調べた結果を図 16.6 に示す[3]．図より，DS 発破の場合のよう

16.3 発破振動の振動レベルの予測　　127

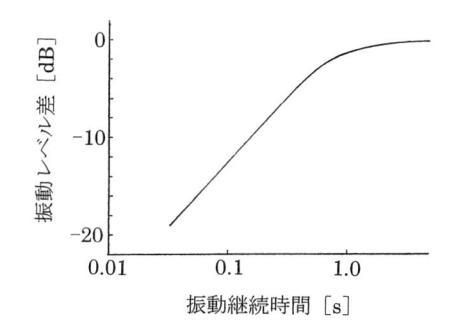

図 16.5　正弦振動の継続時間とレベル差との関係

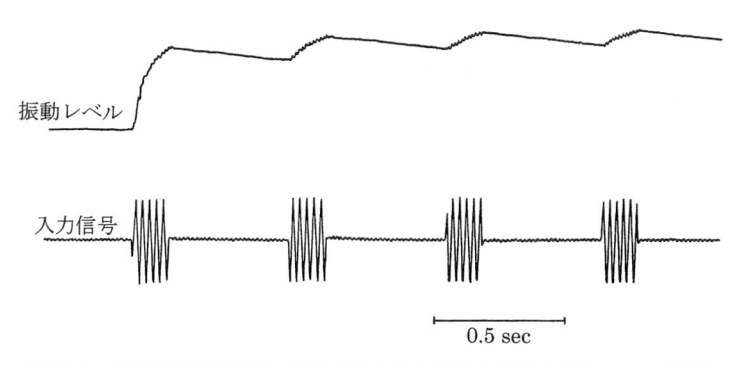

図 16.6　振動継続時間が短い振動が次々に到達する場合の振動レベルの変化

に，ほぼ分離した振動が次々と到達する場合には振動レベルがどのようになるかを理解することができる．ここに示した結果は，DS発破の採用によって，振動レベルがどのようになるかを検討するための資料として重要である．

そこで，いくつかの発破振動について，発破振動の振動レベルとその発破振動の最大振幅と同じ振幅の連続正弦振動の振動レベルとの差（レベル差）を調べたところ，発破地点近傍の岩盤上の場合にはその差は 10〜15 dB，発破地点から離れた地盤上の場合にはその差は 4〜10 dB になるという結果が得られた．

したがって，発破振動の振動レベルを予測するためには，まず，式 (16.1) を用いて発破振動の振動速度最高値 V_p[cm/s] を求める．ついでそれを式 (16.5) の V_{cp} とみなすと，式 (16.5) より振幅が V_{cp} である連続正弦振動の振動レベル L_{vc} を求め得る．ついで，発破地点と振動レベルを予測したい地点との距離やその地点の地盤状況，および段発発破の場合にはMS電気雷管

を用いた段発発破か DS 電気雷管を用いた段発発破であるかによって，発破振動の継続時間や各段の爆発による振動が分離するかどうか等を考慮して発破振動のレベル差の値を予測し，L_{vc} から 4～10 または 10～15 dB を引いた値が発破振動の振動レベルの予測値 L_v となる．

すなわち，発破地点近傍の岩盤上の場合：
$$L_v = 20 \cdot \log_{10} V_{cp} + 91 - (10 \sim 15) \quad [\text{dB}]$$
発破地点から遠い地盤上の場合：
$$L_v = 20 \cdot \log_{10} V_{cp} + 91 - (4 \sim 10) \quad [\text{dB}]$$
となる．

16.4 発破振動の軽減対策

発破振動の振動速度最高値の軽減対策としては，式 (16.1) に示した発破振動の大きさを規定している薬量 W を小さくするという方法，すなわち，段発発破を採用し，各段の雷管で起爆させる爆薬量を少なくするという方法と，段発発破の各段の爆発によって発生する振動を干渉させることによって振動の振幅最高値を小さくするという方法とが最も簡単で効果的である．波動を干渉させて振動を軽減させる場合には各段の雷管の爆発時間を正確にコントロールしなければならないので，12.5.3 項で示した電子遅延式電気雷管（IC 雷管）が用いられる．

演習問題

16.1 振動公害を監視する目的で発破振動を測定したい．どのような測定器を用いて何を測定すればよいか．

16.2 発破振動の振動速度の振幅最高値が等しくても発破振動の時間的な変化状態によって振動の感覚的な大きさが変化するのはなぜか．

引用・参考文献

1) 庄司 光，山本剛夫，畠山直隆 編集；衛生工学ハンドブック 騒音・振動編，朝倉書店，1980．
2) 李 義男，佐々宏一，伊藤一郎；日本鉱業会誌，95 巻，1094 号，1979．
3) 佐々宏一；物理探査，34 巻，6 号，1981．

17. 発破騒音

17.1 概　要

　発破騒音の大きさは発破の実施に際して検討せねばならない重要事項の一つである．特に民家の近傍で発破を計画する場合には計画段階から発破振動や発破騒音の影響につて検討し，規制基準を満足するような発破を設計せねばならない．

　発破騒音の大きさや特性には，発破方法，薬量，爆薬の特性，発破地点の岩盤特性，発破地点と騒音が問題になる地点との間の距離，地形および植生や気象条件などの多くの要素が関係しておりかなり複雑である．一般的には，発破地点からの距離が遠くなるにつれて騒音の大きさは小さくなり，騒音の継続時間は長く，卓越振動数は低くなる傾向にある．

　発破には，発破したい物（一般には岩盤）に穿孔し，その中に爆薬を装填して爆発させる内部装薬発破と，破壊したい物の表面に爆薬を置いて爆発させる外部装薬発破があるが，内部装薬発破が一般的なので，以下では内部装薬発破によって発生する騒音について説明する．

17.2　発破騒音の発生機構と発破騒音の予測[1]

　内部装薬発破の場合には，爆薬の爆発によってまず爆薬の周囲の岩盤が衝撃されて強力な波動（主として縦波）が発生し，この波動がもっている大きな応力によって岩盤を破壊しつつその応力値を減衰させながら岩盤内を伝播して行く．このとき，波動の進行方向の応力を $\sigma(t)$，波動によって発生する岩盤粒子の振動速度（粒子速度）を $v(t)$，材料（岩盤）の密度を ρ とすると，これらの間には次の式（17.1）の関係が存在している．

$$\sigma(t) = \rho \cdot C \cdot v(t) \tag{17.1}$$

ここに，C は波動の伝播速度である．したがって，波動のもつ応力値が大きいほど粒子速度は大きくなる．

さて，このように岩盤内を破壊を伴いながら伝播してきた応力波が自由面（岩盤表面）に到達すると，そこで一部は反射して岩盤内へ戻って行くが，他の一部は屈折して空中へ音波となって出て行く．これが騒音の主たる根源となっている．自由面上の粒子の粒子速度は入射波の粒子速度と反射波の粒子速度との和になり，爆源に最も近い自由面上の点，すなわち，最小抵抗線と自由面の交点の位置では，波動が自由面に直角に入射するので自由面上の粒子の粒子速度はその位置へ入射した岩盤内応力波の粒子速度の2倍になる．

ベンチ高さが15 m，最小抵抗線の長さが3〜3.5 m，斉発孔数は5孔，装薬量は50 kg/孔で爆薬は硝安油剤爆薬という石灰石鉱山のベンチカット発破について，爆源に最も近い自由面上の粒子速度を実測したところ，約10 m/sという値が得られた．したがって，この値と空気の密度，空気中の音波の伝播速度を式 (17.1) に代入することによって，この位置から空中へ投射された音波の圧力最高値を求めることができる．その結果，その値は約4 kPaとなった．なお，この値よりその位置へ入射した岩盤内応力波の応力最高値を求めると，72 MPaという値が得られる．この値はこの岩盤の強度から考えて妥当な値である．

次に面音源の大きさであるが，集中装薬による1自由面発破で，それが適性装薬発破であれば，最小抵抗線の長さを半径とする大きさの円板状面音源となり，1列の斉発ベンチカット発破であれば，上下方向がベンチ高さ，水平方向が両端の装薬孔の間の長さよりもやや長い長さの矩形面音源と考えても大きな誤りはない．

短辺の長さが a，長辺の長さが b の矩形面音源から，音圧が P_0 なる音波が空中に投射された場合に，この面音源に直交する方向に伝播する音波の音圧 P と面音源からの距離 x を面音源の短辺の長さ a で割った相対距離 $(X=x/a)$ との間には図17.1に示す関係が存在している．この図より，面音源からある程度離れれば，距離 x の位置における音波の音圧 P_x と距離 x との間には近似的に次式の関係が存在することがわかる．

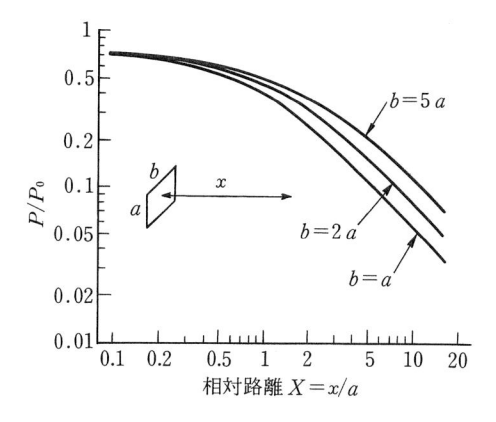

図17.1 矩形面音源から投射された音の伝播に伴う減衰状態

$$P_x = \frac{P_0 \cdot N \cdot a}{x} \tag{17.2}$$

ここに，N は面音源の形によって定まる係数であって，$b=a$ のとき $N=0.55$，$b=2a$ のとき $N=0.75$，$b=5a$ のとき $N=1.0$ となる．

先に示した自由面の移動速度の実測結果より，硬岩のベンチカット発破の場合には，最小抵抗線と自由面との交点の位置から空中へ投射される音波の音圧最高値は約 4 kPa という値が得られたが，この圧力は岩石の硬さや発破の形式等で変化すると予想されるので，実際には，音圧の最高値が 0.7〜4 kPa 程度の音が上記の大きさの面音源から空中へ投射されると考えても差し支えないと思われる．

したがって，図17.1 に示した関係を用いれば，爆源から x なる距離の位置における音圧の最高値を求めることができる．なお，この音圧最高値に対応するピーク音圧レベル $SPL_{\max}$[dB] は，音圧最高値を P_M[Pa] とすると次式で示される．

$$SPL_{\max} = 20 \cdot \log_{10} \frac{P_M}{P_U} \tag{17.3}$$

ここに，$P_U = 2 \times 10^{-5}$[Pa] である．

発破騒音について検討する場合には，ピーク音圧レベルではなく音の感覚的大きさに対応している騒音レベルについて検討せねばならない．騒音レベルは

17. 発破騒音

JIS 規格で定められた耳の聴感覚に対応した周波数補正回路を組み込んだ騒音計によって測定される．周波数補正回路には，A，B，C 特性と平坦特性がある．さらに，音の感覚的な大きさは音圧の最大値ではなく音圧の実効値の大きさで定まる．発破騒音のように音圧の振幅が時間とともにかなり変動し，かつ，継続時間が短い音の場合には，実効値の大きさは実効値を求めるための積分時間の長さによってかなり変化する．騒音計には動特性としてインパルス，ファースト，スローの3特性が備わっているものもある．インパルス特性の場合には積分時間は35ミリ秒，ファースト特性の場合には積分時間は0.2秒，スロー特性の場合には0.5秒である．騒音測定の場合には，一般には，A 特性とスロー特性が採用されることが多い．

そこで，ピーク音圧レベルから騒音レベルを求めるために，図17.2，図17.3，図17.4 に示した発破騒音についてその関係を調べた[2]．

図17.2 は斉発発破の騒音波形であり，図17.3 は4段の MS 発破の騒音波形であり，図17.4 は4段の DS 発破の騒音波形である．これらの音圧波形に

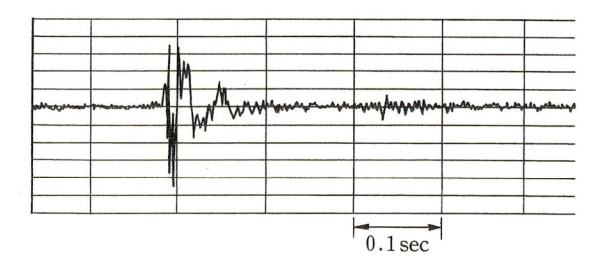

図 17.2　斉発発破の発破音の一例

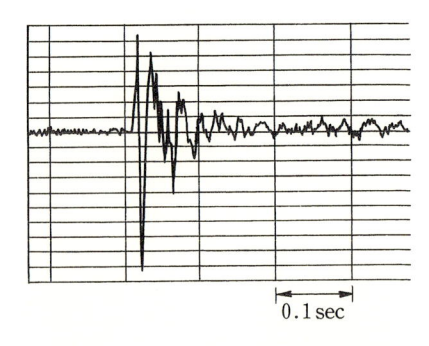

図 17.3　MS 発破の発破音の一例

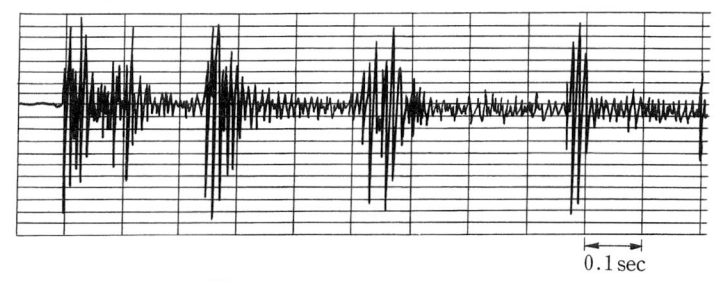

図17.4 DS発破の発破音の一例

ついて，音圧のピークレベルよりもインパルス，ファースト，スローの各特性で測定した騒音レベルがどれだけ小さくなるかを調べたところ，図17.2に示した波形の場合には，それぞれ，13 dB，18 dB，22 dB 小さくなり，図17.3に示した波形の場合には，それぞれ，10 dB，15 dB，18 dB，図17.4に示した波形の場合には，それぞれ，9 dB，12 dB，15 dB 小さくなるという結果が得られた．上記のような実験結果から考えて，ピーク音圧レベルからスロー特性の騒音レベルを求めるためには，発破の種類や音圧の継続時間を考慮して14〜22 dB 程度差し引けばよいことになる．

17.3 発破騒音の軽減対策[3]

　トンネル掘進発破の場合にはトンネル内とかトンネルの出口に遮音扉や遮音壁を設置することによって軽減でき，遮音扉や壁を強化すればその効果は大きくなる．

　ベンチカット発破の場合には人工の固定した遮音壁を作ることは困難であるから，切羽の方向を変えるとか地形を利用するとかによって騒音が問題になっている地点の騒音の大きさを小さくするか，それとも次に示す方法について検討する．

　前節の発破騒音の発生機構で述べたように，まず，面音源の大きさを小さくすることを考える．図17.5は，5孔1列のベンチカット発破を瞬発電気雷管のみを用いて斉発発破を実施した場合に，ベンチ壁面に直交する方向にベンチ面から140 m離れた位置で測定した音圧の時間的変化を示したものであり，図17.6は，5孔1列のベンチカット発破を1段から5段までのMS電気雷管

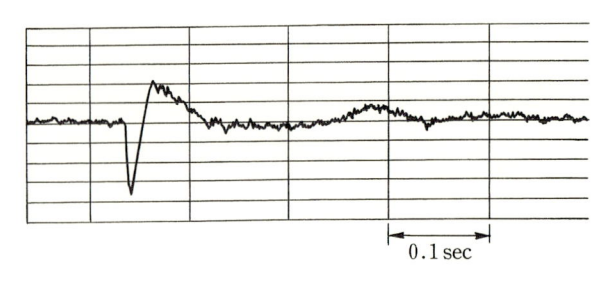

図 17.5　5孔1列の斉発ベンチカット発破の発破音

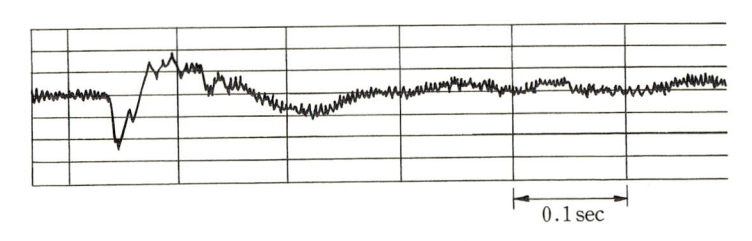

図 17.6　5孔1列の MS 発破（MS 1〜MS 5）の発破音

を用いて，1孔ずつ 25 ms 間隔で順次起爆した場合の音圧波形である．両者を比較することによって，斉発発破の場合の発破音は単純なパルス的な波形であるが，MS 電気雷管を用いた発破の場合には，個々の爆薬の爆発に対応する五つのパルスが段間隔に相当する 25 ms 間隔で現れており，全体の波形の音圧最高値は最初に爆発した1個の装薬量に対応した音圧になっていることがわかる．したがって，第1列を MS 発破とすることにより，音圧を軽減し得ることがわかる．

　次に図 17.7 に示すように，2列のベンチカット発破を第1列の5孔を瞬発電気雷管で，第2列の5孔を DS 2 段の電気雷管を用いて 0.25 秒遅らせて起爆した場合に得られた音圧波形を図 17.8 に示す．図 17.8 に示すaが第1列の爆薬の爆発による音の到達時刻であり，bで示したのが 0.25 秒遅れて起爆した第2列の爆薬の爆発による音の到達時刻である．このように，第2列の爆発による音圧は第1列の爆発による音圧よりかなり小さい．これは，図 17.9 に示すように，第1列の爆発によって砕かれた岩片がまだ落下せずに空中にある状態の時に第2列の爆薬が爆発するので，その音波が岩片によって遮へいされることと，DS 2 段の個々の雷管の爆発遅れ時間のわずかなばらつきのため

17.3 発破騒音の軽減対策　135

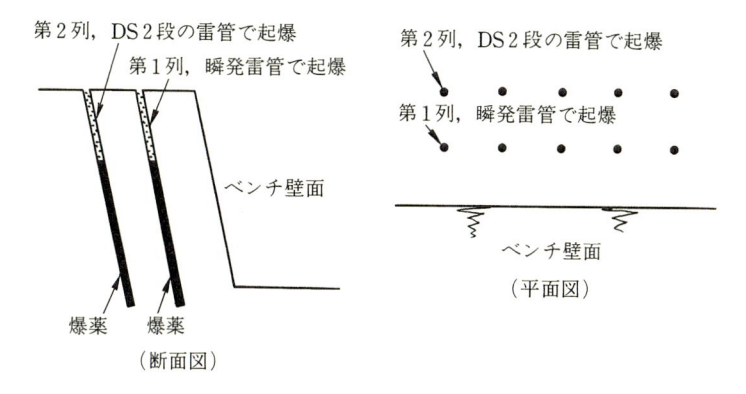

図17.7　2列ベンチカット発破説明図

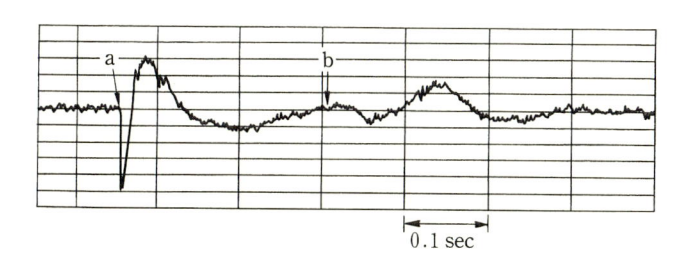

図17.8　図17.7に示した2列のベンチカット発破の発破音

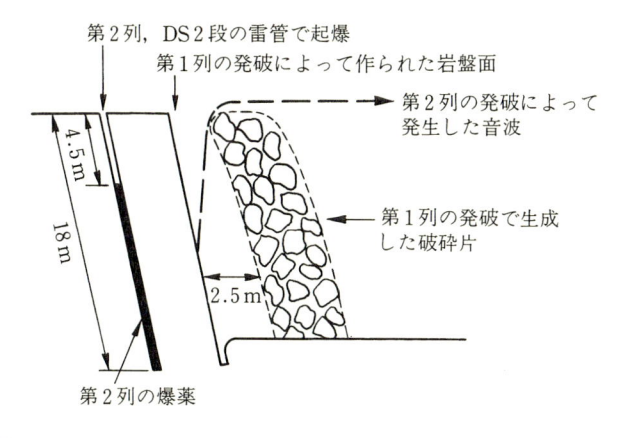

図17.9　前列の発破によって生成した破砕片による後列の発破音の遮へい

に面音源の大きさも小さくなったために，第2列の爆薬の爆発による音圧が小さくなったと推定し得る．

以上に示したように，ベンチカット発破の発破音を軽減させるためには，ベンチ高さを低くして面音源の大きさを小さくする方法と，第1列の各孔を段番号が異なるMS電気雷管で起爆し，第2列はDS2段，第3列はDS3段というような，多列発破が有効なことがわかる．上記のような対策を行っても，なお騒音が大きすぎる場合には，発破によって破砕された岩石を自由面方向に押し出す通常の発破ではなく，最小抵抗線を長くして発破を実施し，深部の岩盤にあらかじめ亀裂を入れておき，しかる後，リッパーにより岩盤を掘削するという予備発破を行って，面音源から出る音圧を小さくするか，打ち掛け発破を行って第1列の爆発による音を遮へいするなどの方法を考えねばならない．

演習問題

17.1 騒音公害を監視する目的で発破騒音を測定したい．どのような測定器を用いて何を測定すればよいか．

17.2 ベンチカット発破に起因する発破騒音を軽減させるためにはどうすればよいか．

17.3 発破騒音を最も小さくし得る発破を利用する掘削工法として，どのような発破があるか．

引用・参考文献

1) 佐々宏一，菊岡栄次，李　義雄，伊藤一郎；日本鉱業会誌，94巻，1085号，1978．
2) 佐々宏一，岡本昌直，伊藤一郎；工業火薬協会誌，39巻，6号，1978．
3) 佐々宏一，菊岡栄次，李　義雄，伊藤一郎；工業火薬協会誌，39巻，2号，1978．

18. 爆 発 加 工

18.1 爆 発 成 形

　爆薬の爆発エネルギーを利用して金属板を成形するのが爆発成形である．図18.1はその方法を模式的に示したものである[1]．図に示すように，成形型に成形したい金属板を取り付け，押さえリングで成形型と成形しようとしている金属板とを密着させる．これを大きな水槽に沈め，板と成形型の間を真空にして金属板が変形したときに空気が変形を妨げないようにして，金属板が成形型どおりの形となり得るようにする．しかる後，水中で爆薬を爆発させ，それによって発生した水圧で金属板を成形する方法が爆発成形である．成形型はコンクリートでも作り得るので，大量生産が不要な特殊な形状をした金属製品の加工にはプレス機械を用いる機械的加工より有利であるとともに，プレス機械では扱いにくい大きな金属板の加工が可能である．

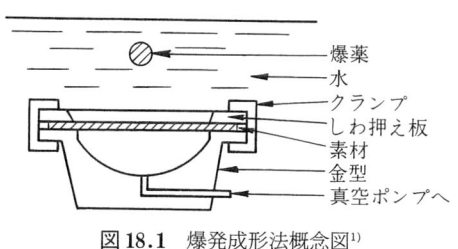

図 18.1　爆発成形法概念図[1]

18.2 爆 発 圧 着

　火薬の力を利用して2種類の金属板やパイプを接合する爆発加工法である．この圧着過程を模式的に示したのが図18.2である[1]．図18.2に示すように，

18. 爆発加工

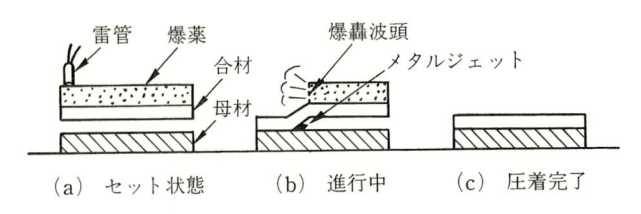

図 18.2 爆発圧着法概念図[1)]

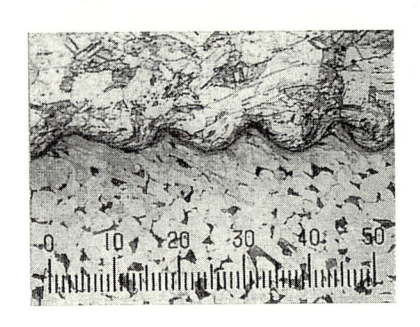

(a) セット状態　(b) 進行中　(c) 圧着完了

ラベル：雷管、爆薬、合材、母材、爆轟波頭、メタルジェット

図 18.3 爆発圧着面の断面の顕微鏡写真
[旭化成株式会社提供]

母材とそれに圧着しようとする合材とを少し離して配置し，合材の上にシート状の爆薬を載せて一端より起爆する．この爆轟衝撃により合材は 200～500 m/s 程度の非常な高速で母材と衝突し断熱圧縮により衝突点の表面が溶融し，いわゆるメタルジェットが飛び出す．母材と合材とはこのメタルジェットを巻き込むような形で接合される．図 18.3 は接合面の断面の顕微鏡写真を示したものである．図より，接合面が波打って 2 種の金属が接合されていることがわかる．板厚には特に制限がないようであるが，合材は 1～20 mm，母材は 6 mm 以上が用いられ，爆発圧着後，圧延して薄くすることもできる．

なお，パイプの内面に別の金属のライニングを行いたい場合には，パイプ内にライニングしたい材料のパイプを入れ，その中で爆薬を爆発させてパイプを拡げ，ライニングを行う爆発拡管も行われている．

[**例題 18.1**]　爆発圧着はどのような場合に有利であると考えられるか．
[**解**]　大きな薄い爆薬を作ること（シート爆薬）は容易なので，異なった材料の大きな板を接合することが可能である．

18.3 そ の 他

　爆薬の爆発によって発生する衝撃的な高温高圧を直接，または，これによって金属板を高速で飛翔させてグラファイトの粉末を衝撃的に圧縮し，グラファイトからダイヤモンドを合成する爆発合成などが挙げられる．爆発合成によって製造されるダイヤモンドは高温・高圧の状態になっている時間が短いために非常に細かな粒状であり，研磨剤などとして利用されている．

引用・参考文献
1）　工業火薬協会編「火薬ハンドブック」，共立出版，昭和62年．

演習問題解答

1章

1.1 爆燃.
1.2 爆轟.
1.3 燃速.
1.4 爆速.

2章

2.1 爆速が大きく,密度が大きい.
2.2 爆発温度が高く,爆発生成ガスの成分に常温でも気体である物質を多量に含んでいる.
2.3 死圧.
2.4 チャンネル効果による爆轟中断.

3章

3.1 ニトログリコール,ニトログリセリン.
3.2 ペンスリット (PETN),ヘキソーゲン (RDX),テトリル.
3.3 窒素量が12.0％～12.5％のニトロセルローズ.
3.4 ニトロセルローズを基剤とする火薬で,主として発射薬および推進薬として使用される.
3.5 ニトロセルローズ,ニトログリセリン,ニトログリコール.

4章

4.1 トリシネート.
4.2 DDNP (ジアゾ・ジニトロフェノール).
4.3 DDNP (ジアゾ・ジニトロフェノール).
4.4 テトラセン.

5章

5.1 自然分解する化合火薬類である，ニトロセルローズ，ニトログリセリン，ニトログリコールを含んでいるので自然分解する．

5.2 3.3節(2)で示したように，ニトログリセリン，ニトログリコールには毒性があるので，これらを含むダイナマイトにも毒性がある．

5.3 榎系ダイナマイト．

5.4 白梅ダイナマイトのような梅系のダイナマイト．

5.5 食塩（NaCl）．

7章

7.1 起爆できない．起爆するためには伝爆薬が必要である．

7.2 耐水性はない．

7.3 硝安油剤爆薬は乾燥した粒体なので，粒子どうしまたは粒子とパイプの内壁との摩擦によって静電気が発生するから．

8章

8.1 起爆できる．ただし，バルク装塡ができる含水爆薬を起爆するためには伝爆薬が必要である．

8.2 耐水性は非常に良好である．

8.3 含水爆薬の方が後ガスは良好である．

8.4 微細な気泡やマイクロバルーン内の空気は急激な断熱圧縮によって高温のホットスポットになるので，その周囲の燃料と酸素供給剤とが激しく反応して爆轟を進展させる．

9章

9.1 過塩素酸アンモニウム．

9.2 けい素鉄は可燃物であるとともに，発熱剤ともなっている．

10章

10.1 硫黄は着火温度を下げ，炎を大きくし，ガス発生量を増す作用があるとともに，反応中に生成される硫化水素（H_2S）や酸化窒素（NO）の触媒的効果によって，有毒なCOや青酸ガス（KCN）の生成をおさえる働きがある．

10.2　導火線，点火管，雷管．
10.3　黒色火薬は着火しやすいから，火炎に対して注意しなければならない．また，摩擦や打撃によっても発火しやすい．しかし，湿気を吸うと，火つきが悪くなり，さらに湿ると燃えなくなる．

12 章

12.1　100〜140 秒．
12.2　雷管．
12.3　DS 5 段の電気雷管．
12.4　電流により点火薬が点火→延時薬が点火し燃焼→起爆薬が爆発→添装薬が爆発．

13 章

13.1　4 級の爆薬の方が鋭敏．
13.2　殉爆度が 5 の爆薬．
13.3　安定度．
13.4　仕事効果．

14 章

14.1　尖頭電流値：4.22 A．点火に必要なエネルギーの 1.3 倍が流れる．
14.2　尖頭電流値：7.14 A．点火に必要なエネルギーの 1.1 倍が流れる．
[注意]　このように，直並列結線にすると，電気雷管に流れる尖頭電流の値は大きくなるが，点火に必要なエネルギーの安全率が低下し，この問題の場合には，必要なエネルギーのわずか 1.1 倍になってしまう．したがって，多数の電気雷管を点火する場合には，実際に点火する雷管の個数よりも多い個数の雷管を起爆し得る公称能力をもった発破器を用いなければならない．
14.3　12.6 A．

15 章

15.1　芯抜き発破は集中装薬としなければならず，芯抜き発破に必要な薬量を 1 本の装薬孔には装填できないため．
15.2　デカップリング装薬．

15.3 スムースブラスティングとプリスプリッティング．

16章

16.1 JIS規格の振動レベル計を用いて振動レベルを測定する．
16.2 振動の感覚的な大きさは振動速度の実効値によって決まり，実効値の大きさは，振動速度の振幅最高値，振動速度波形，実効値を求める時の積分時間で決まるため．

17章

17.1 JIS規格の騒音計を用いて騒音レベルを測定する．
17.2 ベンチ高さを低くするか，段発発破を採用して面音源の大きさを小さくするとともに，2列発破について検討する．
17.3 予備発破工法．

さくいん

あ 行

IC電気雷管　70
後ガス　31
アルミニウム系スラリー爆薬　46
安定度試験　30, 94
ANFO爆薬　36
アンホ爆薬　36
イオンギャップ法　79
Eq.S-I爆薬　97
Eq.S-II爆薬　97
MS電気雷管　68
延時秒時　68
延時薬　68
塩ビ雨どい試験　90
親ダイ　36, 110

か 行

ガス試験　97
カスト猛度試験　82
過装薬　112
カートン試験　90
加熱試験　96
火薬力　3, 8
基準延時秒時　68
起爆力　4
逆起爆　111
吸湿固化　30
吸湿軟化　30
口元起爆　110
クレーター　112
減熱消炎剤　25, 26
鋼管試験　89
孔底起爆　111

混合火薬類　1

さ 行

最小抵抗線　112
最小点火電流　99
サブドリリング　116
酸素バランス　3, 8
死圧　3, 10
仕事効果　3, 8, 77
自然分解　14, 16, 29
弱装薬　112
自由面　112
殉爆　88
硝安油剤爆薬　36
小ガス炎試験　93
赤熱鉄棒試験　93
硝酸アンモニウム　23
硝酸カリウム　25
硝酸ナトリウム　24
硝油爆薬　36
振動レベル　124
芯抜き発破　113
スムースブラスティング　118
正起爆　110
赤熱鉄棒試験　93
セリウム鉄火花試験　92
騒音レベル　131

た 行

耐熱試験　95
段間隔　68
炭じん試験　97
タンピング　111
着火性試験　92

チャンネル効果　10
中管起爆　111
直並列結線　100
直列結線　100
DS電気雷管　68
TNT系スラリー爆薬　46
抵抗法　79
デカップリング装薬　118
添装薬　64
伝爆薬　36
点爆薬　65
導火線試験　92
導通試験　108
ドートリッシュ法　78
トラウズル試験　85

な　行

内部装薬発破　110
ニトロゲル　21
ニトロ浸出　31
捏和　27
燃焼秒時　62
燃速　1
ノイマン効果　67

は　行

ハウザーの公式　112
爆轟　1
爆轟圧　3, 4
爆轟波　3, 4

爆速　1, 4
爆燃　1
発火点試験　92
発破係数　112
発破母線　100
払い発破　114
はりつけ発破　110
盤打ち発破　114
ピーク音圧レベル　131
比推力　59
標準装薬　112
プリスプリッティング　119
プリル硝安　36, 37, 38
ヘス猛度試験　82
ベンチカット発破　114
補助母線　101
ホットスポット　51

ま　行

マイクロバルーン　51

や　行

遊離酸試験　95
予備発破工法　114

ら　行

漏洩電流　106
1/6爆点　88
漏斗孔　112

著者略歴

佐々 宏一（さっさ・こういち）

- 1956 年　京都大学工学部鉱山学科卒業
- 1962 年　京都大学工学博士
- 1963 年～1965 年　カナダ国立資源エネルギー研究所で研究に従事
- 1968 年　京都大学講師
- 1972 年　(社)工業火薬協会論文賞
- 1977 年　京都大学助教授
- 1983 年　京都大学教授
- 1984 年　(社)日本鉱業会賞（論文賞）
- 1990 年　物理探査学会賞（論文賞）
- 1997 年　京都大学名誉教授
- 1997 年　福井工業大学教授
- 2006 年　(財)地球システム総合研究所理事長

火薬工学　　　　　　　　　　　　　　　　　　©佐々宏一　2001

2001 年 7 月 20 日　第 1 版第 1 刷発行　　【本書の無断転載を禁ず】
2023 年 8 月 31 日　第 1 版第 6 刷発行

著　者　佐々宏一
発行者　森北博巳
発行所　森北出版株式会社
　　　　東京都千代田区富士見 1-4-11（〒102-0071）
　　　　電話 03-3265-8341／FAX 03-3264-8709
　　　　https://www.morikita.co.jp/
　　　　日本書籍出版協会・自然科学書協会　会員
　　　　JCOPY <(一社)出版者著作権管理機構　委託出版物>

落丁・乱丁本はお取替えいたします　　　　　　印刷・製本／ワコー

Printed in Japan／ISBN978-4-627-48491-7